■ 畜禽病早防快治系列丛书

鸡病 早防快治

刘永生 主编

[第二版]

中国农业科学技术出版社

图书在版编目（CIP）数据

鸡病早防快治／刘永生主编．—2版．—北京：中国农业科学技术出版社，2018.6

ISBN 978-7-5116-3569-3

Ⅰ.①鸡…　Ⅱ.①刘…　Ⅲ.①鸡病-防治　Ⅳ.①S858.31

中国版本图书馆CIP数据核字（2018）第048447号

责任编辑　张国锋
责任校对　贾海霞

出 版 者　中国农业科学技术出版社
　　　　　北京市中关村南大街12号　邮编：100081
电　　话　（010）82106636（编辑室）　（010）82109702（发行部）
　　　　　（010）82109709（读者服务部）
传　　真　（010）82106650
网　　址　http://www.castp.cn
经 销 者　各地新华书店
印 刷 者　北京建宏印刷有限公司
开　　本　850mm×1 168mm　1/32
印　　张　4
字　　数　110千字
版　　次　2018年6月第2版　2019年12月第2次印刷
定　　价　18.00元

《鸡病早防快治》
编写人员名单

主　编：刘永生
副主编：兰　喜
编　者：(按姓氏笔画排序)
　　　　刘永生　兰喜　李宝玉
　　　　殷相平

中国农业科学院兰州兽医研究所
家畜疫病病原生物学国家重点实验室　编

主编简介

刘永生，男，1973年2月生，内蒙古兴和县人，理学博士，中国农业科学院兰州兽医研究所传染病研究室研究员，博士生导师。中国农业科学院动物细菌病创新团队首席。

主要从事动物细菌病致病机制及防控技术相关研究，先后主持国家国际科技合作项目一项（项目号：2010DFA32640），国家自然科学基金项目两项，分别为"副猪嗜血杆菌生物膜形成相关基因及其功能研究（30700593）"、"生物被膜形成基因对副猪嗜血杆菌群体感应的调控机制研究（31172335）"、政府间国际科技合作项目2项、甘肃省科技重大专项等。先后与波兰国家兽医研究所、国际家畜研究所、匈牙利欧洲三角研究中心、乌克兰国家农业科学院等建立了合作关系或进行交流学习。

获农业部丰收计划一等奖一项。以第一或者通讯作者发表SCI论文42篇，以第一发明人获得国家发明专利证书9项，中国农业科学院2008-2011年度十佳青年、甘肃省首届杰出青年基金、2013年度中国农业科学院金龙鱼杰出青年奖获得者。

内容简介

本书介绍了鸡传染性疾病的预防方法、以及鸡传染性病毒病、鸡传染性细菌病、鸡寄生虫病、鸡维生素及无机盐缺乏症、鸡中毒性疾病和杂症等共66种临床上常见鸡病的病原（病因）、流行病学、临床症状、病理变化、诊断和防治方法，并配有相关图片，强调科学性与实践性的结合，是一部实用的科普读物，文字通俗易懂，易于理解和掌握相关疾病的诊断特点，采取得当的防治方法，提高鸡病防治水平，减少疾病带来的损失，为养殖户稳产增收提供有益的帮助。

前言

　　随着养鸡业的飞速发展，目前我国养鸡模式也越来越多样化，尤其是一些生态养殖模式及公司加农户养殖模式的发展，使得养殖业对鸡病的防治越来越重视。做好鸡病的防治工作，对于生产安全、优质的高品质鸡肉及鸡蛋制品具有重要作用。因此易读实用的鸡病防治读本，对于基层养殖户、鸡场兽医人员和防疫培训人员具有较高的参考价值和需求。

　　《鸡病早防快治》介绍了鸡传染性病毒病、鸡传染性细菌病、鸡寄生虫病、鸡维生素及无机盐缺乏症、鸡中毒性疾病和杂症等共66种临床上常见鸡病的病原（病因）、流行病学、临床症状、病理变化、诊断和防治方法，并配有相关图片，强调科学性与实践性的结合，是一部实用的科普读物。本书图文并茂，深入浅出，文字通俗易懂，以便读者易于理解和掌握相关疾病的诊断特点，采取得当的防治方法，提高鸡病防治水平，减少疾病带来的损失，为养殖户稳产增收提供有益的帮助。

　　本次修订主要对本书目录进行了更新细化，更加一目了然，另外增加了近几年来新发的安卡拉病、鸡滑液囊支原体病等重要的新发疾病，并根据目前最新研究对鸡慢性呼吸道病等疾病的病因及防

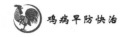

治进行了补充。

　　全书由刘永生和兰喜负责统稿，第二版前言、目录、第二章第十节、第三章第八节、第三章第九节由兰喜编写。

　　本书在编写过程中，参考和借鉴了许多相关著作和文献资料，在此对资料的原创者和提供者深表谢意！鉴于编者水平有限，书中难免有不足之处，敬请谅解。

编　者

2018 年 3 月

目录

鸡传染病概述

一、感染和传染病

病原微生物通过某种途径侵入机体，并在一定部位定居、生长、繁殖，从而引起机体一系列病理反应，这个过程称为感染。病原对宿主的感染力和对宿主的致病力表现出很大差异，这不仅取决于病原本身的致病力和毒力，也与动物的遗传易感性和宿主的免疫状态以及环境因素有关。

凡是由病原微生物引起，有一定的潜伏期和临床表现，并具有传染性的疾病称为传染病。鸡传染病的表现形式是多种多样的，但具有一些共同的特征。

（1）传染病是在一定环境条件下由病原微生物与机体相互作用所引起的。如禽流感是由流感病毒引起的，没有流感病毒侵入机体，就不会发生禽流感。

（2）传染病具有传染性和流行性。这是区别于非传染病的一个重要特征。

（3）被传染的鸡在病原微生物的作用下，能产生特异性的免疫反应，这种反应能用血清学的方法检查出来。

（4）耐过的病鸡能获得免疫，使其在一定的时期或终身不再

患该病。

（5）传染病具有特征性的临床表现和病理过程。因此，可以根据每一种传染病的临床表现和病理变化特征，进行临床诊断。

二、传染病流行过程的基本环节

传染病的一个基本特征是能在易感动物之间直接接触传染或间接地通过媒介物互相传染，构成流行。传染病的流行过程，就是从个体发病发展到群体发病的过程。这个过程的形成，必须具备传染源、传播途径和易感动物三个基本环节，如果缺乏任何一个环节，新的传染就不可能发生，也不可能造成传染病在动物群体中的流行。同时，当流行已经形成时，若切断任何一个环节，流行即告终止。因此，了解传染病流行过程的特点，从中找出规律，以便采取相应的措施来中断流行过程的发生与发展，是预防和控制传染病的关键所在。

1. 传染源

传染源是指某种传染病的病原体在宿主机体中寄居、生长、繁殖，并能排出体外。至于被病原体污染的各种外界环境因素，由于缺乏适宜的温度、湿度、酸碱度和营养物质，不适宜病原体较长时期的生存、繁殖，因此不能认为是传染源，应称之为传播媒介。动物受感染后，可以表现为患病和携带病原两种状态。因此传染源可分为以下两种类型。

（1）患病动物。它们是主要的危险传染源。不同的病期其传染性大小不同。潜伏期大多数传染病的病原体数量还很少；临床症状明显期患病动物可排出大量的病原体，故在传染病的传播过程中最为重要；恢复期临床症状基本消失，但身体的某些部位带有病原体，并排到周围的环境中，威胁其他易感动物。

（2）病原携带者，是指外表无症状但携带并排出病原体的动物。病原携带者排出病原体的数量一般不及病畜，但因无症状不易被发现，如果检疫不严，可以随动物的运输散播到其他地区，造成新的暴发或流行。病原携带者一般分为潜伏期病原携带者、恢复期病原携带者和健康病原携带者。

2. 传播途径

病原由传染源排出后，经一定的方式再侵入其他易感动物所经的途径称为传播途径。了解传染病传播途径的目的在于切断病原体继续传播的途径，防止易感动物受感染，这是防止传染病发生与传播的重要环节之一。

传播途径可分为两大类。一是水平传播，即传染病在群体之间或个体之间以水平形式横向传播；二是垂直传播，即从母体到其后代两代之间的传播。

水平传播在传播方式上又可分为直接接触传播和间接接触传播两种。病原体通过被感染的动物与易感动物直接接触而引起的传播方式称为直接接触传播；而间接接触传播是病原体通过传播媒介（空气、被污染的水和饲料、被污染的土壤、吸血昆虫等传播媒介物）使易感动物发生传染的方式。

3. 易感动物

易感动物是指对某种传染病病原体敏感或易感的动物。其易感性的大小与有无，直接影响到传染病是否能造成流行及其发病的严重程度。此易感性是受机体特异性免疫状态和非特异性抵抗力决定的。前者可由主动免疫如接种疫苗而获得特异性抵抗力，后者可由被动免疫如注射高免血清、高免蛋黄或直接由母体获得。同时，动

物的易感性还与鸡群的内在因素（鸡群的遗传特性、鸡的品种等）和鸡群的外界因素（饲料质量、畜舍卫生、粪便处理、拥挤状况等）有很大关系。

三、传染病的综合防制措施

传染病的防制必须采取"养、防、检、治"四个基本环节的综合性措施。综合性的防制措施可分为平时的预防措施和发生疫病时的扑灭措施两方面内容。

1. 平时的预防措施

（1）加强饲养管理，搞好卫生消毒工作，增强机体的抗病能力。贯彻自繁自养的原则，减少疫病的传播。

① 执行"全进全出"的饲养制度。一栋鸡舍只饲养同一日龄、同一来源的鸡，而且同时进舍，同时出舍。其后彻底地进行清舍消毒，准备接下一批鸡。因为不同日龄的鸡有不同易感或易发的疾病，如果一栋鸡舍饲养着几种不同日龄的鸡，则日龄较大的患病鸡或已痊愈的鸡都可能带菌或带毒，并可能通过不同的途径排菌或排毒而传染给易感的小鸡。

② 鸡舍要及时通风换气。鸡舍饲养密度过大或通风不良，常蓄积大量的二氧化碳以及由粪便和垫料发酵腐败而产生的大量有害气体。鸡舍有害气体含量过高，会刺激呼吸道黏膜，降低抵抗力，易感染经呼吸道传播的疾病。

③ 鸡舍及环境的清洁消毒是防止疾病传播的重要措施。根据不同的消毒对象可采取不同的消毒剂和方法。

（2）防止由外地、外场引入病鸡和带菌（病毒）鸡。从外地或外场引进种鸡时，一定要经兽医人员严格检疫。

（3）定期进行疫病监测和预防接种。疫病监测可检测鸡群的免疫状态或感染状态，从而为制定免疫程序提供科学依据。

（4）定期杀虫灭鼠，进行粪便和垫料的无害化处理。

（5）病鸡和死鸡要及时处理。病鸡和死鸡是同鸡舍、同鸡场或其他鸡场的传染源。当鸡群中出现病鸡时应及时取出，并送兽医人员诊断与处理。

（6）防止经蛋传播的疾病。所谓经蛋传播的疾病就是从感染母鸡传给新孵出后代的疾病。蛋传播经常有以下两种情况：一是病原体在蛋壳和壳膜形成前感染卵巢滤泡，在蛋形成过程中进入蛋内；二是鸡蛋在产出时或产下后因环境卫生差，病原体污染蛋壳。

（7）各地兽医机构应调查研究当地疫情分布，组织相邻地区对传染病的联防协作，有计划地进行消灭和控制，并防止外来疫病的侵入。

2. 发生疫病时的扑灭措施

（1）及早发现疫情并尽快确诊，同时告知邻近单位做好预防工作。

（2）隔离病鸡并及时将病死鸡从鸡舍取出，对被污染的场地、鸡笼进行紧急消毒。严禁饲养人员与工作人员串圈，若发生危害性较大的疫病如禽流感等应采取封锁等综合性措施。

（3）停止向本场引进新鸡，并禁止向外界出售本场的活鸡，待疫病确诊后再根据病的性质决定处理方法。

（4）病死鸡要深埋或焚烧，粪便必须经过发酵处理，垫料可焚烧或作堆肥。

（5）对全场鸡进行相应疾病的紧急疫苗接种，对某些疾病的病鸡进行合理和及时的治疗，对慢性传染病病鸡应早淘汰。

鸡病毒性传染病

一、新城疫

新城疫是由副黏病毒引起的鸡的高度接触性传染病，过去是危害我国养鸡业的第一大疫病。目前基本上杜绝了大面积暴发的情况，但散发情况仍然普遍存在。免疫鸡群发生新城疫具有一个共性，即症状和病变都不典型，给临床诊断带来了很大困难，因此称之为"非典型新城疫"。

【流行病学】 新城疫病毒可感染鸡、火鸡、珍珠鸡、山鸡、鹌鹑、鸽子等多种家禽，其中鸡最易感染。该病的主要传染源是感染新城疫的病鸡，病鸡与健康鸡接触，经呼吸道和消化道感染。病鸡分泌物中含有大量病毒，病毒污染了饲料、饮水、地面、用具，经消化道感染。带病毒的灰尘、飞沫进入呼吸道，经呼吸道感染。此外，买卖、运输、乱扔乱宰病死鸡是造成本病流行的重要原因。

【症状】

（1）典型新城疫。病鸡精神沉郁，打瞌睡，鸡冠发紫，不愿活动，两翅下垂，张口呼吸，时有喘鸣声，晚上尤其明显，鼻分泌物增加，从口流出黏液，不时摇头；下痢，排黄绿稀粪便；蛋鸡产蛋量下降，蛋色变浅，死亡率高。

（2）非典型新城疫。生长鸡病程长者，出现腿、翅麻痹，头颈歪斜弯曲现象。产蛋鸡发病率很高，但临床症状不明显，仅有呼吸道症状或消化道症状，病理变化不典型；产蛋量下降，蛋皮褪色，出现薄皮、软壳蛋。

【病理变化】

（1）典型新城疫。

① 消化道：盲肠扁桃体出血、肿胀或溃疡，腺胃黏膜出血、溃疡，乳头出血，腺胃与肌胃交界处出血、溃疡，盲肠、直肠黏膜出血（图1）。

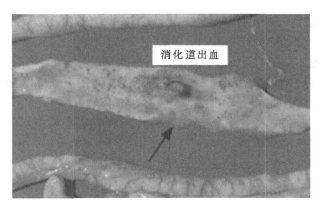

消化道出血

图1 消化道出血

② 呼吸道：气管黏膜增生、肥厚或出血，喉头、口腔内常有多量污染黄色浆液性渗出物，喉头气管内常有出血点。

③ 脾脏肿大，输卵管充血、出血，卵黄易破裂，常造成腹膜炎。

（2）非典型新城疫：病理变化不明显，有时仅见腺胃出血，泄殖腔出血，盲肠扁桃体出血比较多见。

【诊断】

（1）初步诊断。对于典型新城疫，根据流行病学、临床症状和病理变化可做出初步诊断。对非典型新城疫，应多剖检些病死鸡，重点观察腺胃与肌胃交界处的出血、直肠黏膜的皱褶呈条状出血的变化，再结合流行病学和症状进行综合判断，确诊须进行实验室检查。

（2）血清学检查。红细胞凝集抑制试验（HI）是检测鸡群免疫状态、确定免疫时机和检查免疫效果的常用方法，在诊断鸡群是否发生新城疫方面亦有重要的参考价值。单纯应用新城疫弱毒苗免疫鸡群其 HI 抗体效价一般不超过 1：512，平均效价介于 1：（128~256）。鸡群发病时多数表现为 HI 抗体效价参差不齐，但发病后 15 天采血进行监测，HI 效价平均值可达 1：256 以上，部分鸡血清抗体效价在 1：4 096 左右。用血清学进行诊断应于发病时以及发病后 15 天以上进行，当两次检测结果有明显的差异时，才具有诊断意义。

（3）病毒的分离鉴定。病毒的分离和鉴定是检测新城疫的一种较为快速和准确的方法，发病后 3~5 天内进行，用所收含毒尿囊液按常规方法做血凝试验以及血凝抑制试验，若二者都呈阳性，则证明病料内有新城疫病毒存在，这样可建立对新城疫的诊断。

【防制】

（1）免疫接种。常用的疫苗大致可分为两类，即弱毒苗和油乳剂灭活苗。Ⅰ系疫苗用中等毒力的病毒制成，一般用于 70 日龄以上（体重大于 0.75kg）的鸡，接种途径为肌内注射或饮水。Ⅰ系疫苗的特点为注射后 3~4 天迅速产生免疫力，维持时间长（8个月至 1 年），但不能用于幼龄雏鸡。Ⅳ系苗毒力较弱，常用于雏鸡的免疫，可饮水、滴鼻和滴眼，用后 7 天左右产生免疫力，免疫期为 1~2 个月。此外，Clone-30 也是目前常用的弱毒疫苗。油乳剂灭活苗不含活病毒，由于加入了乳剂，注射后可延缓吸收，延长抗原的作用时间，增进效果。其突出特点为可突破母源抗体的干扰，并能产生强而持久的免疫力（用于成年鸡免疫期可达1年），目前已被广泛用于养鸡生产中。

① 弱毒苗的免疫程序：1周龄用Ⅱ系或Ⅳ系苗首次免疫，4周龄再重复1次，8周龄用Ⅰ系苗接种1次，开产前用Ⅰ系苗再免疫1次。

② 弱毒苗和油乳剂灭活苗的免疫程序：1周龄用Ⅱ系或Ⅳ系苗滴鼻、点眼，同时每只注射0.25mL油乳剂灭活苗，开产前每只注射0.5mL油乳剂苗进行第2次免疫。一般来说在整个饲养周期免疫2次即可。

③ 商品代肉用仔鸡的免疫程序：1周龄和4周龄分别用Ⅱ系或Ⅳ系弱毒苗免疫1次；亦可在1周龄时用Ⅱ系或Ⅳ系弱毒苗滴鼻、点眼，同时用油乳剂苗肌内注射每只0.25mL。根据本场鸡群抗体水平制定合理免疫程序。

（2）加强管理。定期检测鸡群抗体。加强鸡场卫生管理，防止病毒侵入本场。

（3）治疗。如果40日龄前发病，4倍量Lasota疫苗肌内注射，第2天给恩诺沙星饮水。45日龄以后发病，紧急接种已无实际意义，只能采取下列两种措施：一是提前出栏；二是病毒唑和氧氟沙星同时应用，连用5天。

二、鸡传染性法氏囊病

鸡传染性法氏囊病，是由传染性法氏囊病病毒引起的一种急性、接触性传染疾病。以法氏囊发炎、坏死、萎缩和法氏囊内淋巴细胞严重受损为特征，从而引起鸡的免疫机能障碍，干扰各种疫苗的免疫效果。发病率高，几乎达100%，死亡率低，一般为5%~

15%，是目前养禽业最重要的疾病之一。

【流行病学】自然条件下，本病只感染鸡，所有品种的鸡均可感染，但不同品种的鸡中，白来航鸡比重型品种的鸡敏感，肉鸡较蛋鸡敏感。本病仅发生于2周至开产前的小鸡，3~7周龄为发病高峰期。病毒主要随病鸡粪便排出，污染饲料、饮水和环境，使同群鸡经消化道、呼吸道和眼结膜等感染；各种用具、人员及昆虫也可以携带病毒，扩散传播；本病还可经蛋传播。

【症状及病变】雏鸡群突然大批发病，2~3天内可波及60%~70%的鸡，发病后3~4天死亡达到高峰，7~8天后死亡停止。病初精神沉郁，采食量减少，饮水增多，有些自啄肛门，排白色水样稀粪，重者脱水，卧地不起，极度虚弱，最后死亡。耐过雏鸡贫血消瘦，生长缓慢。剖检可见：法氏囊发生特征性病变，法氏囊呈黄色胶冻样水肿，质硬，黏膜上覆盖有奶油色纤维素性渗出物（图2）。有时法氏囊黏膜严重发炎、出血、坏死、萎缩。另外，病死鸡表现脱水，腿和胸部肌肉常有出血，颜色暗红。肾肿胀，肾小管和输尿管充满白色尿酸盐。脾脏及腺胃和肌胃交界处黏膜出血。

图2　法氏囊肿大

【诊断】 本病在高度易感鸡群中急性暴发时，诊断并不困难，可根据流行特点、临床症状及剖检变化等做出初步诊断。若需确诊，尚须进行病毒的分离与鉴定以及血清学试验。

【治疗】

（1）鸡传染性法氏囊病高免血清注射液。3~7周龄鸡，每只肌内注射 0.4mL；大鸡酌加剂量；成鸡每只 0.6mL，注射一次即可，疗效显著。

（2）鸡传染性法氏囊病高免蛋黄注射液。按 1.0mL/kg 体重肌内注射，有较好的治疗作用。

（3）复方炔酮。0.5kg 鸡每天 1 片，1.0kg 鸡每天 2 片，口服，连用 2~3 天。

（4）丙酸睾丸酮。3~7 周龄的鸡每只肌内注射 5mg，只注射 1 次。

（5）速效管囊散，每千克体重 0.25g，混于饲料中或直接口服，服药后 8 小时即可见效，连喂 3 天。治愈率较高。

（6）中药方剂。藿香、银花、莱服子、车前子、菊花、金钱草、黄芩（均等量）、黄连（半量）。用法：以 100 只计算，10 日龄之内上述中药各 10~15g，20 日龄之内各 20~25g，1 月龄以上各 40g，可视病情酌加减用药。每日 1 剂，每剂均煎 3 次，3 次药汁混合后，分为 2 份，上、下午各 1 份，饮服或灌服。

【预防】

（1）加强管理和搞好消毒工作。防止从外边把病带入鸡场，一旦发生本病，及时处理病鸡，进行彻底消毒。消毒可选用以下一种药物和方法：喷洒 0.2%过氧乙酸，或 2%次氯酸钠，5%漂白粉，5%福尔马林，1:128 杀特灵，也可用福尔马林熏蒸。门前消毒池宜用 2%的戊二醛溶液，每 2~3 周换 1 次，也可用 1/60 的菌毒净，每周换 1 次。

（2）预防接种是预防鸡传染性法氏囊病的一种有效措施。目

前，我国批准生产的疫苗有弱毒苗和灭活苗。

① 低毒力株弱毒活疫苗，用于无母源抗体的雏鸡早期免疫，对有母源抗体的鸡免疫效果较差。可点眼、滴鼻、肌内注射或饮水免疫。

② 中等毒力株弱毒活疫苗，供各种有母源抗体的鸡使用，可点眼、口服、注射、饮水免疫，剂量应加倍。

③ 灭活疫苗，使用时应与鸡传染性法氏囊病活苗配套。免疫效果受免疫方法、免疫时间、疫苗种类、母源抗体等因素的影响。其中母源抗体是非常重要的因素。有条件的鸡场，应依据所测定母源抗体水平的结果，制定相应的免疫程序。

④ 免疫程序。无母源抗体或低母源抗体的雏鸡，出生后用弱毒疫苗或用 1/3 ~ 1/2 中等毒力疫苗进行免疫，滴鼻或点眼两滴（约 0.05mL）；或肌内注射 0.2mL；饮水按需要量稀释，2 ~ 3 周时，用中等毒力疫苗加强免疫。有母源抗体的雏鸡，14 ~ 21 日龄用弱毒疫苗或中等毒力疫苗首次免疫，必要时 2 ~ 3 周后加强免疫一次。商品鸡用上述程序免疫即可。种鸡则在 10 ~ 12 周龄用中等毒力疫苗免疫一次，18 ~ 20 周龄用灭活苗注射免疫。

三、鸡马立克氏病

鸡马立克氏病是由疱疹病毒引起的一种淋巴细胞增生性、高度接触性传染病。特点是病鸡的外周神经、性腺、虹膜、各种脏器、肌肉和皮肤等发生淋巴细胞浸润、肿大，形成肿瘤。

【流行病学】鸡年龄越小越易感，通常多出现在 2~5 月龄的鸡群；雌鸡比雄鸡易感。不同品种的鸡对本病的抵抗力及感染后发病率有一定差异，一般认为肉鸡易感性大于蛋鸡，来航鸡易感性大于本地鸡。一些应激因素、饲养管理不良、维生素 A 缺乏、鸡球虫的存在等均可增加发病率。此外，鸡贫血因子已引起国内外学者的极大关注，因其可造成鸡的严重免疫抑制。

病鸡和带毒鸡是本病的传染源，鸡群不论直接或间接接触都能传播病毒。病毒可通过空气和病鸡的分泌物、排泄物传播，皮肤的羽囊上皮是含病毒最多的部位，病鸡身上脱落下来的羽毛屑含有很多病毒，一旦被鸡吸入或食入都能感染发病。此外吸血昆虫也可能是本病的传播媒介。

【症状及病变】 根据症状和病变发生的部位，可分为神经型、内脏型、眼型和皮肤型四类，有时可以混合发生。

（1）神经型。最常见的一型，主要发生在3~4月龄的鸡。因受损的神经不同表现的症状有所不同。当坐骨神经受损时，病鸡一条腿或双腿发生麻痹，表现为一肢向前另一肢向后的特征性劈叉姿势（图3），也可表现为卧地不起；此外还有厌食、失水、贫血、昏迷和体重减轻等症状。当臂神经受害时，病鸡一侧或两侧翅膀下垂；支配颈部肌肉的神经受损时，引起扭头、仰头现象；颈部迷走神经受损时，嗉囊麻痹、扩张、失声、呼吸困难；腹部神经受损时，常表现腹泻；剖检可见受损的神经失去光泽，颜色变暗或淡黄，横纹消失，局部肿胀增粗，大于正常的2~3倍，对称的神经通常是一侧受损，易与正常的神经比较。

图3 特征性劈叉姿势

（2）内脏型。多发于幼鸡，主要表现精神委顿，渐进性消瘦，最终衰竭死亡。也有的不表现症状，突然死亡。发病率高，死亡率可达60%以上。剖检可见脏器上有大小不等的肿瘤结节，外观呈灰白色或黄白色，质硬，切面平整呈油脂状。有的突出于脏器表面，有的浸润于脏器内，使脏器异常增大。本病多使法氏囊萎缩，这是与鸡淋巴性白血病的主要区别。

（3）眼型。单眼或双眼发病，虹膜色素消失，呈灰色，俗称"灰眼病"或"鸡白眼"；瞳孔边缘不齐，呈锯齿状，瞳孔逐渐缩小，视力减退或消失。

（4）皮肤型。一般无临床症状，肿瘤多发生于翅膀、颈、背、大腿等处皮肤，使毛囊形成小结节或瘤状物，病程长（图4）。

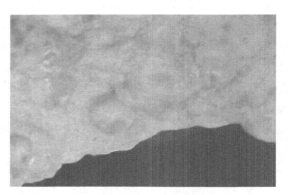

图4　皮肤结节

【预防】本病目前尚无有效的治疗方法，重要的是做好预防工作。

（1）搞好卫生与管理。幼鸡对本病易感性极高，即使免疫接种质量很好，如果在出壳前4周内接触到本病的强毒，可能仍有发病的。因此1～90日龄育雏阶段应隔离进行。搞好鸡舍的环境消毒工作，定期进行驱虫，特别要注意预防球虫病。不从有马立克氏病的鸡场进鸡、进种蛋，购买的种蛋要进行消毒，种鸡要隔离饲养，一旦发现本病全部淘汰。

（2）预防接种。所有鸡均在出壳后尽早接种疫苗，免疫接种与接触强毒的时间间隔越长，免疫效果越好。近年来，国外有人对18~19日龄的鸡胚进行免疫接种，使鸡一出壳就具有对本病的抵抗力，效果令人满意。

① 火鸡疱疹病毒（HVT）苗，使用时按瓶签说明稀释后，每只鸡皮下或肌内注射0.2mL。注苗后10~14天产生免疫力，免疫持续期一年半。疫苗现用现配，稀释好的疫苗应放入盛有冰块的容器中，必须在1小时内用完。

② 自然低毒力弱毒（814株）疫苗：必须在液氮中保存及运输，使用时从液氮中取出，迅速放入38℃左右的温水中，融化后用专用稀释液稀释，1小时内必须用完。每只鸡肌肉或皮下注射0.2mL，注苗后3天可产生免疫力，免疫持续期为一年半。

四、传染性支气管炎

传染性支气管炎是鸡的一种急性、高度接触性呼吸道疾病。以咳嗽，喷嚏，雏鸡流鼻液，产蛋鸡产蛋量减少，呼吸道黏膜呈浆液性、卡他性炎症为特征。常继发或并发支原体病、大肠杆菌病、葡萄球菌病等，导致死淘率增加，还常被漏诊、误诊。该病病原的血清型较多，新的血清型不断出现，加上不适当的免疫程序，常导致免疫失败，使该病不能得到有效控制，给养鸡业造成了巨大损失。

【流行特点】本病仅发生于鸡，其他家禽均不感染。各种年龄的鸡都可发病，但雏鸡最为严重，死亡率也高，一般以40日龄以内的鸡多发。本病主要经呼吸道传染，病毒从呼吸道排毒，通过空

气的飞沫传给易感鸡。也可通过被污染的饲料、饮水及饲养用具经消化道感染。本病一年四季均能发生，但以冬春季节多发。鸡群拥挤、过热、过冷、通风不良、温度过低、缺乏维生素和矿物质，以及饲料供应不足或配合不当，均可促使本病发生。

【症状】

（1）呼吸型：病鸡无明显的前驱症状，常突然发病，出现呼吸道症状，并迅速波及全群。幼雏表现为伸颈、张口呼吸、咳嗽，有"咕噜"音，尤以夜间最清楚。随着病情的发展，全身症状加剧，病鸡精神萎靡，食欲废绝、羽毛松乱、翅下垂、昏睡、怕冷，常拥挤在一起。两周龄以内的病雏鸡，还常见鼻窦肿胀、流黏性鼻液、流泪等症状，病鸡常甩头。产蛋鸡感染后产蛋量下降 25%～50%，同时产软壳蛋、畸形蛋。

（2）肾型：感染肾型支气管炎病毒后其典型症状分 3 个阶段。第 1 个阶段是病鸡表现轻微呼吸道症状，鸡被感染后 24～48 小时开始气管发出啰音，打喷嚏及咳嗽，并持续 1～4 天。这些呼吸道症状一般很轻微，有时只在晚上安静的时候才听得比较清楚，因此常被忽视。第 2 个阶段是病鸡表面康复，呼吸道症状消失，鸡群没有可见的异常表现。第 3 个阶段是受感染鸡群突然发病，并于 2～3 天逐渐加剧。病鸡挤堆、厌食，排白色稀便，粪便中几乎全是尿酸盐。

【病理变化】

（1）呼吸型。主要病变见于气管、支气管、鼻腔、肺等呼吸器官。表现为气管环出血，管腔中有黄色或黑黄色栓塞物。幼雏鼻腔、鼻窦黏膜充血，鼻腔中有黏稠分泌物，肺脏水肿或出血。患鸡输卵管发育受阻，变细、变短或成囊状。产蛋鸡的卵泡变形，甚至破裂。

（2）肾型。肾脏肿大，呈苍白色；肾小管充满尿酸盐结晶，扩张，外形呈白线网状，俗称"花斑肾"。严重的病例在心包和腹腔脏器表面均可见白色的尿酸盐沉着。有时还可见法氏囊黏膜充血、出血，囊腔内积有黄色胶冻状物；肠黏膜呈卡他性炎变化；全身皮肤和肌肉发绀，肌肉失水。

（3）传染性支气管炎病毒变异株。特征性变化表现为胸深肌组织苍白，呈胶冻样水肿，胴体外观湿润，卵巢、输卵管黏膜充血，气管环充血、出血。

【诊断】根据流行特点、临床症状和病理变化，可作出初步诊断。进一步确诊则有赖于病毒分离与鉴定以及其他实验室诊断方法。

【防制】

（1）预防。

① 加强饲养管理，降低饲养密度，避免鸡群拥挤，注意温度、湿度变化，避免过冷、过热。加强通风，防止有害气体刺激呼吸道。合理搭配饲料，防止维生素尤其是维生素 A 的缺乏，以增强机体的抵抗力。

② 适时接种疫苗。对呼吸型传染性支气管炎，首次免疫可在 7～10 日龄用传染性支气管炎 H120 弱毒疫苗点眼或滴鼻；二免可于 30 日龄用传染性支气管炎 H52 弱毒疫苗点眼或滴鼻；开产前用传染性支气管炎灭活油乳疫苗肌内注射，每只 0.5mL。对肾型传染性支气管炎，可于 4～5 日龄和 20～30 日龄用肾型传染性支气管炎弱毒苗进行免疫接种，或用灭活油乳疫苗于 7～9 日龄颈部皮下注射。而对传染性支气管炎病毒变异株，可于 20～30 日龄、100～120 日龄接种 4/91 弱毒疫苗或皮下及肌内注射灭活油乳疫苗。

（2）治疗。本病目前尚无特异性治疗方法，改善饲养管理条件，降低鸡群密度，饲料或饮水中添加抗生素对防止继发感染具有一定的作用。对肾型传染性气管炎，发病后应降低饲料中蛋白的含量，并注意补充钾和钠，具有一定的治疗作用。

五、传染性喉气管炎

传染性喉气管炎是由疱疹病毒引起鸡的一种急性、高度接触性呼吸道传染病，以呼吸困难、喘气、咳出血样渗出物为特征。本病由于造成明显的呼吸困难而致死以及产蛋量下降，给养鸡业带来了巨大的损失。

【流行特点】 本病有明显的宿主特异性，鸡为主要的自然宿主，各年龄均可感染，但以4~10月龄的成年鸡尤为严重且多表现典型症状。野鸡、鹌鹑、孔雀和幼火鸡也可感染，其他禽类和哺乳类动物不感染。病鸡和带毒鸡是主要的传染源，约有2%的康复鸡能带毒2年，可经上呼吸道和眼内感染。污染的垫料和用具也能带毒。强毒疫苗接种鸡群后，能造成散毒污染环境。本病传播迅速，一年四季均可发生，发病率可高达90%~100%，死亡率5%~50%不等，耐过本病的鸡具有长期免疫力。

【症状】 自然感染的潜伏期为6~12天，人工气管内接种的潜伏期为2~4天。

（1）急性型（喉气管型）。主要在成年鸡发生，传播迅速，短期内全群感染。病鸡精神沉郁、厌食、呼吸困难，每次呼吸时突然向上向前伸头张口并伴有鸣音和喘气声，喘气和咳嗽严重，咳嗽多呈痉挛性，并咳出带血的黏液或血凝块。病重者头颈蜷缩，嘴喙下垂，眼全闭。检查喉部，可见黏膜上附有黄色或带血的浓稠黏液或豆渣样物质。产蛋鸡的产蛋量下降约12%。病程一般为10~14天，康复后有的鸡可能成为带毒者。

（2）温和型（眼结膜型）。主要在30~40日龄的鸡发生，症状较轻。病初眼角积聚泡沫性分泌物，流泪，眼结膜发炎，不断用爪抓眼，眼睛轻度充血，眼睑肿胀和粘连，严重的失明。病的后期角膜混浊、溃疡，鼻腔有持续性的浆液性分泌物，眶下窦肿胀。病鸡偶见呼吸困难，表现生长迟缓，死亡率为5%左右。

【病理变化】　病理变化主要集中在喉头和气管，在喙的周围常附有带血的黏液。喉头和气管黏膜肿胀、充血、出血，甚至坏死；气管腔内常充满血凝块、黏液、淡黄色干酪样渗出物或气管塞。有些病例，渗出液出现于气管下部，并使炎症扩散到支气管、肺和气囊。温和型病例一般只出现眼结膜和眶下窦上皮水肿和充血，有时角膜混浊，眶下窦肿胀并有干酪样物质。

【诊断】　根据典型症状和病理变化不难做出诊断，若鸡日龄较小或症状、病理变化不明显，尚需进一步进行分离病毒和血清学试验以确诊。

【防制】　免疫接种是防制本病的重要方法，弱毒疫苗首次免疫在28日龄左右，二次免疫在首次免疫后6周，即70日龄左右进行。免疫方法有眶下窦与鼻内滴注、点眼及饮水免疫等。鸡群接种后可产生一定的疫苗反应，轻者出现结膜炎和鼻炎，严重者可引起呼吸困难甚至死亡。因此，所使用的疫苗必须严格按使用说明进行，并结合当地情况，同时做好兽医卫生管理工作。此外，使用传染性喉气管炎与鸡痘二联苗效果也不错。同时应采取综合防制措施，平时加强饲养管理，改善鸡舍通风，注意环境卫生，不引进病鸡，并严格执行消毒卫生措施。

发生本病后，用杀菌剂每日进行1~2次消毒，并辅之以泰乐加、链霉素、氯霉素、氟哌酸等药物治疗以防细菌继发感染。本病目前尚无特效药物治疗，但在临床上使用某些中草药有一定的辅助治疗作用，可减轻病鸡的呼吸困难。麻黄、杏仁、厚朴、陈皮、甘草各1份，苏子、半夏、前胡、桑皮、木香各2份，混合煎水，取药汁拌饲料或饮水喂鸡，每只鸡平均喂混合干药粉5g，雏鸡减半，效果确实。

六、禽流行性感冒

禽流行性感冒（简称禽流感）是由 A 型流感病毒引起的禽类烈性传染病，被国际兽疫局定为 A 类传染病，并被列入国际生物武器公约动物类传染病名单。禽流感可表现为亚临床、轻度呼吸系统疾病、产蛋下降及急性致死性疾病等多种形式。世界各地历次由特定毒株引起禽流感的暴发和流行，均招致禽只的大量死亡和生产性能急剧下降，造成了巨大的经济损失。1997 年香港特区 H5N1 和 1999 年内地和香港特区 H9N2 以及 2004 年亚洲几个国家禽流感感染人并致人死亡事件的发生，更突出地显示了禽流感的公共卫生意义。

【流行特点】禽流感呈世界性分布，绝大多数呈隐性感染，不表现任何临床症状；由 H5 及 H7 亚型所致时，常出现临床症状甚至死亡。许多家禽、野禽和鸟类都对禽流感病毒敏感，在自然条件下，鸡、火鸡、鸭最易感。禽流感主要是横向传播，一般为接触性传染。哺乳动物如猪等也可传播本病。候鸟、观赏鸟类等携带病毒迁徙可能是禽流感世界性流行的主要原因。病毒污染的一切物品（如饲料、饮水、用具等）和病禽及带毒动物都可能成为病毒的来源，以直接或间接接触发生感染，呼吸道和消化道是主要的感染途径。禽流感的发病率和死亡率受多种因素影响，诸如禽的品种、龄期、免疫状况、饲养条件、环境、毒株毒力等。有人认为，冷应激是本病的诱因之一。

【临床症状】病禽主要表现为呼吸道、消化道、生殖道及神经系统的症状。体温升高，精神沉郁，羽毛松乱，喜卧不动，饮食欲减少，有的流泪；鸡冠和肉垂发紫、干枯、坏死（图 5）；脚鳞发紫、出血；头部和面部水肿；有的出现下痢，粪便呈白色或淡黄色。呼吸道症状主要表现为咳嗽、喷嚏、啰音、呼吸困难。有的共济失调，不能走动和站立，出现神经症状。在肉鸡，死亡率 0～100% 不等，多为 10%～40%，关键在于毒株的致病力；在蛋鸡，常表现为产蛋率下降 30%～70%，甚至产蛋停止，畸形蛋、软壳蛋、砂壳蛋增多，蛋壳颜色变淡。上述症状可单独或几种同时出现。

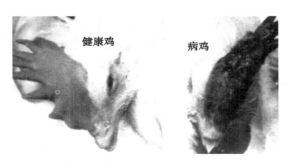

健康鸡　病鸡

图 5　鸡冠发紫、干枯、坏死

【剖检变化】主要表现为窦炎、气囊炎、腹膜炎、输卵管炎，严重时心冠脂肪出血，内脏浆膜面出血，腺胃乳头出血，肠道黏膜、泄殖腔出血，肉仔鸡还可见到喉头及法氏囊出血。个别病禽可见纤维素性腹膜炎及卵黄性腹膜炎。部分毒株可致肌胃与腺胃交界处的乳头及黏膜严重出血。普遍会出现胰腺、盲肠扁桃体的小点出血。蛋鸡常可见卵泡畸形、萎缩，输卵管内渗出物增多。特征性的病理组织学变化为水肿、充血、出血和"血管套"的形成，主要表现在心肌、肺、脑、脾等。

【诊断】通过临床症状与剖检变化可做出初步诊断，进一步确诊需用 VAP－ELISA、免疫荧光试验、琼脂凝胶扩散试验和 RT-PCR。

【防制】

（1）加强检疫。防止禽流感从国外或境外传入我国，尤其要严防高致病性禽流感病毒的传入，对活禽、观赏鸟类、野禽及其产品应当进行严格检疫。各地在引进禽类及其产品时，一定要来自无禽流感的养禽场。

（2）防止扩散。对查出血清学阳性的养禽场要采取可行的措施，加强监控，密切注视流行动向，防止疫源扩散。

（3）尽早确诊。在我国一旦发生可疑的禽流感时，要组织专家及早确诊，鉴定所分离的禽流感病毒的血清亚型、毒力和致病性。划定疫区，严格封锁，扑杀所有感染高致病性禽流感的禽类并进行彻底的消毒，复合酚、烧碱等可用于环境、用具等的消毒；二氯异氰尿酸钠、三氯异氰尿酸钠等可用作饮水消毒。严格执行动物卫生防疫法和农业部的相关要求。

（4）加强疫苗研制。禽流感的疫苗研究与应用尚不深入，因为禽流感的血清亚型较多，缺乏明显的交叉保护作用，而且变异性很大。目前，中国农业科学院哈尔滨兽医研究所、华南农业大学动物医学院等已完成 H5、H7、H9 亚型禽流感灭活油乳剂疫苗等的研究。

（5）治疗。目前，禽流感尚无特效治疗药品。据报道，金刚烷胺及其制剂对中等毒力以下毒株所致感染有一定作用；肉仔鸡使用安乃近、阿司匹林，可降低死亡率；使用抗菌药时，可控制细菌、支原体等的继发感染。

七、禽传染性脑脊髓炎

禽传染性脑脊髓炎俗称流行性震颤，是一种主要侵害雏鸡的病毒性传染病，以共济失调和头颈震颤为主要特征。

【**流行特点**】自然感染见于鸡、雉、火鸡、鹌鹑、珍珠鸡等，鸡对本病最易感。各个日龄均可感染，但一般雏禽才有明显症状。此病具有很强的传染性，病毒通过肠道感染后，经粪便排毒，病毒在粪便中能存活相当长的时间。因此，污染的饲料、饮水、垫草、孵化器和育雏设备都可能成为病毒传播的来源，如果没有特殊的预防措施，该病可在鸡群中传播。在传播方式上本病以垂直传播为主，也能通过接触进行水平传播。产蛋鸡感染后，一般无明显临床症状，但在感染急性期可将病毒排入蛋中，这些蛋虽然大都能孵化出雏鸡，但雏鸡在出壳时或出生后数日内呈现症状。这些被感染的雏鸡粪便中含有大量病毒，可通过接触感染其他雏鸡，造成重大经济损失。本病流行无明显的季节性，一年四季均可发生，以冬春季节稍多，发病及死亡率与鸡群的易感鸡多少、病原的毒力高低、发病鸡的日龄大小而有所不同。雏鸡发病率一般为40%~60%，死亡率为10%~25%，甚至更高。

【**症状**】此病主要见于3周龄以内的雏鸡，虽然出雏时有较多的弱雏并可能有一些病雏，但有神经症状的病雏大多在1~2周龄出现。病雏最初表现为迟钝，继而出现共济失调，表现为雏鸡不愿走动而蹲坐在自身的跗关节上，驱赶时可勉强以跗关节着地走路，走动时摇摆不定，向前猛冲后倒下。或出现一侧或双侧腿麻痹，一侧腿麻痹时走路跛行，双侧腿麻痹时则完全不能站立，双腿呈一前一后的劈叉姿势，或双腿倒向一侧。肌肉震颤大多在出现共济失调之后才发生，在腿、翼尤其是头颈部可见明显的阵发性震颤，频率较高，在病鸡受惊扰如给水、加料、倒提时更为明显。部分存活鸡可见一侧或两侧眼的晶状体混浊或浅蓝色褪色，眼球增大及失明。

【**病理变化**】病鸡唯一可见的肉眼变化是腺胃的肌层有细小的灰白区，个别雏鸡可发现小脑水肿。组织学变化表现为非化脓性脑炎，脑部血管有明显的管套现象；脊髓背根神经炎，脊髓根中的神经原周围有时聚集大量淋巴细胞。小脑分子层易发生神经原中央虎

斑溶解，神经小胶质细胞弥漫性或结节性浸润。此外尚有心肌、肌胃肌层和胰脏淋巴小结的增生、聚集以及腺胃肌肉层淋巴细胞浸润。

【诊断】根据疾病仅发生于 3 周龄以下的雏鸡，无明显肉眼变化，偶见脑水肿，而以瘫痪和头颈震颤为主要症状，药物防治无效，种鸡曾出现一过性产蛋下降等，即可做出初步诊断。确诊时需进行病毒分离、荧光抗体试验、琼脂扩散试验及酶联免疫吸附试验。

【防制】

（1）治疗。本病尚无有效的治疗方法。一般地说，应将发病鸡群扑杀并进行无害化处理。如有特殊需要，也可将病鸡隔离，给予舒适的环境，提供充足的饮水和饲料，饲料和饮水中添加维生素 E、维生素 B_1，避免尚能走动的鸡践踏病鸡等，可减少发病与死亡。

（2）预防。

① 加强消毒与隔离，防止从疫区引进种蛋与种鸡。

② 活毒疫苗免疫：一种用 1143 毒株制成的活苗，通过饮水接种，鸡接种疫苗后 1~2 周排出的粪便中能分离出脊髓炎病毒。这种疫苗可通过自然扩散感染，且具有一定的毒力，故小于 8 周龄、处于产蛋期的鸡群不能接种这种疫苗，以免引起发病。建议用于 10 周以上的鸡，但不能迟于开产前 4 周接种疫苗；接种后 4 周内所产的蛋不能用于孵化，以防雏鸡由于垂直传播而发病。一种活毒疫苗常与鸡痘弱毒疫苗制成二联苗，一般于 10 周龄以上至开产前 4 周之间进行翼膜制种。

③ 灭活疫苗免疫：用野毒或鸡胚适应毒接种 SPF 鸡胚，取其病料灭活制成油乳剂疫苗。这种疫苗安全性好，接种后不排毒、不带毒，特别适用于无脑脊髓炎病史的鸡群。可于种鸡开产前 18~20 周接种。

八、鸡 痘

　　鸡痘是由痘病毒引起的接触性传染病，特征是在口角、鸡冠、翅下等少毛或无毛处皮肤出现痘疹，一般称皮肤型鸡痘。另有一种主要在口腔和咽喉部黏膜发生坏死性炎症，形成伪膜，所以又叫"白喉"型鸡痘。病鸡群的病死率较低，但发病率高，可使病鸡生长缓慢，影响产蛋率，并可诱发其他传染病。如鸡群有混合感染时，可造成大批死亡。

　　【流行特点】夏秋季节多发，主要通过皮肤损伤传染，其中蚊虫叮咬是最主要的传播因素。鸡舍拥挤、通风不良、氨气过多、阴暗、潮湿时可促进本病的发生。鸡痘病毒的传染途径是通过皮肤或黏膜的伤口侵入体内，有些吸血昆虫，特别是蚊虫能够传带病毒，是鸡痘流行的一个重要传染媒介。蚊虫带毒时间可以维持 10~30 天。病鸡发病初期在患部形成灰色小硬结节，突出于皮肤表面，1~2 天后形成痂皮，一般 7 天后痂皮脱落，可见到明显的遗留痕迹。患病雏鸡和幼鸡精神萎靡，食欲大减，体重减轻甚至死亡。若痘长在眼上则眼流泪，怕光，眼睑粘连甚至失明。白喉型鸡痘无明显的外观症状，只表现呼吸困难，往往因口腔和咽喉部位堵塞而窒息死亡，危害较大。

　　【症状】主要发病在 70 日龄以后，鸡冠生长变快。从此到开产前后发病最多，可分为皮肤型、白喉型、混合型。

　　（1）皮肤型。主要在冠、肉髯、眼皮等皮肤无毛处有麸皮样覆盖物，形成一种白色小结节，很快增大，互相融合变为棕褐色痘痂，形成大痂块。经 20~30 天脱落，痂块脱落后形成瘢痕。

　　（2）白喉型。在口腔和咽喉的黏膜上形成一层灰白色的豆腐样薄膜，覆盖在黏膜上不易剥离，并不断地扩展变厚，导致病鸡呼

吸和吞咽困难，严重时窒息死亡（图6）。

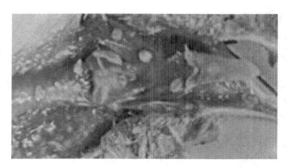

图6　黏膜上形成一层薄膜

（3）混合型。上述两种症状同时存在，死亡率较高。

【诊断要点】

皮肤无毛处有特殊的痘痂，口腔、咽喉部有白色坏死性假膜。

【防制】

（1）预防措施。应做好平时鸡舍的卫生防疫工作，定期消毒。经常杀灭鸡舍中的蚊虫，避免蚊虫叮咬幼禽。避免饲养密度过大，以及啄癖或机械性外伤。饲料应全价，鸡舍内通风要良好。制定科学的免疫程序，做好鸡痘的免疫接种工作。

（2）治疗原则。

①将病鸡隔离饲养，假定健康的鸡紧急接种鸡痘疫苗。

②对鸡舍带鸡喷雾消毒，每日1次，连续5次，然后改为每3天1次。

③对症治疗可剥除痂块，伤口处涂擦紫药水或碘酊。口腔、咽喉处用镊子除去假膜，涂敷碘甘油，眼部可把蓄积的干酪样物挤出，用2%的硼酸液冲洗干净，再滴入5%的蛋白银液。

④饲料中添加适量维生素A、维生素C，以提高鸡体自身的抵

抗力，减少应激。

⑤ 鸡舍内及周围用灭蚊蝇药物进行喷雾，以杀灭蚊、蝇等害虫。

⑥ 大面积发生鸡痘时，用鸡痘散和吗啉胍混料，连用 3~5 天；及时适量地使用广普抗菌药物，如环丙沙星、蒽诺沙星等，连用 5~7 天，以防止并发或继发感染细菌性疾病。

九、产蛋下降综合征

鸡产蛋下降综合征也称鸡减蛋综合征。本病是 20 世纪 70 年代后期发现的，是世界性的商品蛋鸡和母鸡产蛋下降的一种病毒性疾病。群发性产蛋下降、产蛋异常、蛋体畸形、蛋质低劣等症状是本病的主要特征。尽管它只对产蛋鸡致病，但其自然宿主是家鸭和野鸭。

【流行特点】引起本病传染的病原是腺病毒属中的产蛋下降综合征-76 病毒，经种蛋垂直传播是本病的一种主要传播方式，也可通过呼吸道传播。所有年龄的鸡均可感染，但幼鸡感染后不表现任何临床症状，母鸡只是在产蛋高峰期表现明显，原因可能是潜伏的病毒被活化。尽管垂直感染的鸡胚数量不多，但对扩大传染的危害性甚大。受感染过的雏鸡大多在全群产蛋高峰的一半时才开始排毒，迅速传播。铺垫草的平养蛋鸡水平传播较快，笼养鸡传遍全群则约需 11 周的时间。应激反应是本病发生的重要诱因。

【症状】无明显的临床症状，偶见精神、食欲稍差，轻度腹泻；主要表现产蛋量下降 30%~50%，蛋壳颜色变浅，薄壳、软壳、无壳蛋及砂皮蛋显著增加，鸡蛋大小不等，畸形怪状。蛋白如水不成冻状，卵黄淡而浑浊，有时蛋中混有血液。种蛋孵化率低，弱雏增多。劣质蛋占 15%~25%，破碎率比正常高 1~3 倍。

【病理变化】 剖检可见发病鸡卵巢发育不良，输卵管萎缩，卵泡软化，子宫和输卵管黏膜水肿、色苍白、肥厚，输卵管腔内滞留干酪样物质或白色渗出物。

【诊断】 在排除饲料、突然换料和饲养管理不当、应激、天气闷热或其他疾病（如新城疫、喉炎、鼻炎）外，根据发病规律、症状可初步诊断。确诊可用凝集抑制试验或琼脂扩散试验。

【防制】

（1）预防接种。这是防制本病的主要措施。广泛使用的油佐剂灭活苗对鸡群有良好的防制效果。产蛋鸡可在 120 日龄左右时注射 1 次鸡减蛋综合征油佐剂灭活苗，即可在整个产蛋期内维持对本病的免疫力。注射方法：可在鸡胸肌或腿肌处注射，每只 0.5mL。已开产的母鸡，有的产蛋率已达 90% 以上也可应用，而且应该早用。但在免疫接种时，应尽力避免因捕捉等引起的应激反应，故注射时间应在晚上暗灯条件下进行，而且在捕捉时以小圈栏鸡为宜，动作要轻，同时在免疫前添加维生素 E 以减少应激反应。种鸡可在 35 周龄时再接种 1 次，经两次免疫可使母鸡保持高水平的抗体，雏鸡也能保持较高的母源抗体水平，以防止幼龄阶段感染本病病毒。也可使用新城疫、产蛋下降综合征二联苗或含传染性支气管炎在内的三联苗，同时加强对新城疫和鸡传染性支气管炎的免疫。免疫后 5~7 天产生抗体，2~5 周达到高峰，可维持 12~16 周。综合性兽医防疫措施仍须加强，千万不能忽视。

（2）加强管理。对未发生本病的鸡场应保持对该病的隔离状态，严格执行全进全出制度，严禁从有本病的鸡场引进雏鸡或种蛋，还要谨防场外带进不洁物。在有本病流行的地区除定期注射上述疫苗外，孵化场也应严格执行消毒卫生制度，采用合理的卫生预防措施。同时对病群补充多种维生素和抗菌制剂，也有一定的辅助疗效和控制继发细菌感染的作用。

（3）选用 40 周龄后产的蛋作种蛋。由于患本病的种鸡群可将病毒传给后代，但这种病毒传递在鸡群 40 周龄后就不再发生。因此，应选用 40 周龄后的蛋作为种蛋，由此孵出的鸡群作后备种鸡。加上采取严格的隔离措施，防止水平传播，就可获得没有产蛋下降综合征病毒感染的鸡群。

十、心包积水–肝炎综合征

心包积水–肝炎综合征是一种以 3~5 周龄肉鸡突然死亡，心包蓄积黄色水样或胶冻样物，并伴有肝脏肿大、质脆色淡为主要特征的病毒性传染病，往往导致免疫力下降，易继发新城疫、大肠杆菌病等疫病，从而加剧病情发展，导致较高的死亡率。目前认为血清 4 型腺病毒是引起鸡心包积水–肝炎综合征的特异性病原。该病首先于 1987 年在巴基斯坦临近卡拉奇的安哥拉被报道，安卡拉病就由此而得名。1989 年墨西哥报道了该病的发生，随后在伊拉克、印度、厄瓜多尔、秘鲁、智利、俄罗斯等地相继暴发了该病。

【流行特点】心包积水–肝炎综合征多发生于肉鸡，肉种鸡和蛋鸡也可发生。潜伏期较短，一般少于 2 天。3~6 周龄雏鸡最易感染发病，易发生死亡，第 4~6 周死亡达到高峰，持续 1 周左右，以后鸡只死亡数量开始减少，病程 9~15 天，死亡率达 20%~80%。一般在 30% 左右。本病可经精液、种蛋垂直传播，也可经粪便、气管、鼻黏膜分泌物水平传播。鸡感染后可成为终身带毒者，并可间歇性排毒。

【症状】其特征是长势良好的鸡只无明显先兆突然倒地，精神沉郁，羽毛成束，排黄色稀粪便，有神经症状，两腿在空中划动，病鸡呈卷曲姿势，数分钟内死亡。蛋鸡还会出现产蛋率下降。该病发病急，传播迅速，防治不及时，则死亡率较高。

【病理变化】心脏肿大、心机松软，心包有淡黄色或黄色浑浊

渗出液；肝脏肿大、变黄、质地变脆，有条纹状坏死及包涵体坏死灶；肾脏肿大、出血，花斑肾；肺脏水肿、瘀血。腺胃和肌胃有出血带，大多出血带向腺胃蔓延，严重者可见肌胃角质层发黑、龟裂、糜烂。

【诊断】 根据临床症状和剖检变化可做出初步诊断。该疾病主要发生于 3~6 周龄的雏鸡，其特征病理变化是心脏肿大、心包炎，心包明显有大量的淡黄色或黄色浑浊积液；肝脏变黄、变脆、肿大，有条纹状坏死，及肝细胞核内有形状不规则的嗜碱性包涵体可作出初步诊断，如确诊则需要做病鸡肝脏细胞培养，然后分离病毒。确诊时需进行病毒分离、荧光抗体试验、琼脂扩散试验及酶联免疫吸附试验。

【防制】

（1）预防接种。用本场病鸡的肝组织制成组织灭活苗，抗体可维持 1 个月左右，另外，也可紧急接种相应疫苗。

（2）对症治疗。利水消肿，抗病毒，防继发感染，保护肝脏和肾脏。一旦发病，要注意预防新城疫和大肠杆菌等疫病的继发，一旦继发感染，就要利用敏感药物去控制。尤其要注重避免鸡群出现细菌混合感染，因为感染了安卡拉病毒的鸡对抗生素不敏感。此外，在治疗时需注意，如感染了大肠杆菌，在用药时要尽量避免使用对肝肾毒性比较强的药品；如果有肌胃炎的混合感染，会导致药效降低，在用药时需要加大药量并适当延长用药时间。

（3）加强管理。加强饲养管理，减少应激，提高饲料营养水平，添加矿物质、维生素，配合使用葡萄糖、龙胆泻肝散等通肾保肝药品，提高鸡群抵抗环境应激和疾病的能力。改善环境条件，保持合理的饲养密度，做好换气通风，保证适宜的温度和湿度。及时清理鸡舍并利用醛类消毒剂消毒。引种时要从腺病毒净化好的种鸡场进种蛋或鸡苗。

十一、鸡传染性贫血

鸡传染性贫血是由一种细小病毒感染雏鸡后引起再生障碍性贫血和全身淋巴组织萎缩的病毒性传染病。其特点是严重的免疫抑制和普遍发生继发或混合感染。

【流行病学】 本病几乎广泛存在于世界上所有的养禽国家，鸡是其唯一的自然宿主，各种年龄的鸡均可感染。主要感染 8 日龄以内的雏鸡，14 日龄以上鸡呈隐性感染，并能带毒和排毒。发病鸡是主要传染源，可通过污染的饮水、饲料、工具和设备等发生水平的间接接触性传播。蛋鸡可发生垂直感染，一般情况下不发生同居感染，但在发生鸡传染性法氏囊病时，可引起水平传播。鸡马立克氏病、鸡传染性法氏囊病和网状内皮组织增生病等免疫抑制性疾病常是诱发、继发或混合感染本病的重要原因，并表现出明显的协同作用。

【症状】 本病呈亚急性经过，雏鸡表现贫血、精神沉郁、消瘦、皮肤发白。冠、肉髯和可视黏膜苍白，2 天后开始死亡，临死前有腹泻症状。死亡高峰发生在出现临床症状后的 5~6 天，其后逐渐下降，5~6 天后恢复正常。病鸡血液呈进行性贫血变化，血稀如水，血凝时间长，颜色变浅。

【病理变化】 剖检可见典型的贫血病变。全身可视黏膜、肌肉、内脏器官苍白，血液稀薄如水。特征性的病变是骨髓呈橙黄色，法氏囊萎缩，体积缩小。肝、脾、肾肿大并褪色。

【诊断】 根据临床症状和剖检变化可做出初步诊断。确诊须进行病理组织学检查、病毒分离鉴定和血清学试验。其特征的病理组织学变化是再生障碍性贫血和全身淋巴器官萎缩，肝脏是分离病毒的最佳材料，可将病料接种到 MDCC-MSB1 细胞系进行病原分离。

血清学诊断方法有病毒中和试验、免疫荧光法和间接 ELISA 法等。

【防制】

（1）治疗。本病无特异性治疗方法，通常采用抗生素控制继发性的细菌感染，但没有明显的治疗效果。加强鸡马立克氏病和传染性法氏囊病的防制，防止混合感染的发生。

（2）预防。该病的疫苗已经在国外市场上销售使用，对 16～18 周龄种鸡接种疫苗，使其产生高水平的母源抗体，能够有效保护子代鸡发病。在注射疫苗的同时，应采取综合性措施，加强鸡群日常管理和卫生消毒措施，防止疫病传入。

第三章 鸡细菌性传染病

一、禽霍乱

禽霍乱又名禽出血性败血病（简称出败），是由多杀性巴氏杆菌引起的以剧烈下痢为特征的传染病。特征是，急性型表现为剧烈下痢和败血症，发病率和死亡率都很高；慢性型表现为呼吸道炎、肉髯水肿和关节炎，发病率和致死率都较低。该病一年四季均可发生，但以春秋两季多发。

【流行病学】 本病对各种家禽包括鸡、鸭、鹅和火鸡都有易感性。在鸭群中常呈流行性，1 月龄以内雏鸭发病率和死亡率均高，而成鸭则较低。在鸡群中常呈散发或地方性流行，多发生于成年鸡。病禽和带菌禽是本病的传染源。病禽的各种脏器、分泌物、排泄物，以及被其污染的饲料、饮水、场地、用具，各种动物、人和机械，某些昆虫、寄生虫等都可以是本病的传播媒介。感染途径为呼吸道、消化道及损伤的皮肤等。该病原广泛分布于自然界，并经常潜伏在健康鸡呼吸道。当鸡受寒冷、营养不良、禽舍不洁、潮湿拥挤、长途运输和患寄生虫病时，均可诱发本病流行。

【症状】

（1）最急性型。常发生于该病的流行初期，病鸡突然倒地拍

翅、抽搐，迅速死亡。有时是夜间死亡，早晨发现。成年产蛋鸡和
个别肥壮的鸡多发。

（2）急性型。在流行过程中占较大的比例。病鸡精神沉郁，
嗜睡，羽毛松乱，缩颈，头藏于翅下，翅膀下垂，不愿走动，离群
呆立；体温升高，呼吸急促，口流出浆液性或黏液性液体，发出咯
咯声；鸡冠、肉髯变为青紫色（图7）。病鸡下痢，病程短，经1~
3天死亡。

图7　鸡冠、肉髯青紫色

（3）慢性型。常发生于流行的后期或本病常发地区。病鸡日
趋消瘦，鸡冠肉髯苍白，腿关节肿胀而跛行。病鸡精神、食欲时好
时坏，经常下痢，呼吸困难，咳嗽。病程1~2周，最后消瘦而死
亡或恢复后成为带菌者。

【病理变化】突然死亡的鸡，一般无明显病变，或仅在个别的
脏器有病变，但不典型。急性的口、鼻、气管积有黏液；腹腔有豆
腐渣状的沉淀物；心外膜和心冠脂肪有明显的出血点。脾肿大，散

在大量的坏死点。肝肿大，质脆，表面散在许多针尖大小的灰白色坏死点，称"玉米粉肝"，这是一个特征性的病变；十二指肠出血性炎症严重。

【诊断】根据流行特点、症状和剖检变化，结合治疗结果，只能做出初步诊断。确诊需无菌手术采取肝、脾及心血涂片镜检，并分离、培养、鉴定病原和动物接种试验。本病与鸡新城疫、鸭瘟有相似之处，应注意区别。

【防制】

（1）消毒。对鸡舍、场地、用具等采用0.2%的过氧乙酸、20%的石灰水和0.1%的高锰酸钾等进行喷洒、浸泡、擦洗消毒，以净化舍内空气，杀死鸡体表面的病原微生物。

（2）治疗。灭败灵注射剂按每千克体重3mL的剂量肌内注射，隔日再重复注射一次，鸡群病情很快得到控制，大多数鸡10~15天恢复正常。许多药物对该病均有一定的疗效，但存在着停药后容易复发的缺点。另外长期用药，细菌会产生耐药性，必须增量或更换新药。

（3）处理。对病死鸡尸体、易燃污物堆积焚烧处理，病鸡粪便清除干净并进行深埋及泥封处理，粪场用漂白粉或生石灰撒布消毒，防止病菌扩散。

（4）注射疫苗。部分科研单位生产的弱毒苗，需在2月龄以上接种，使用后能减少发病的可能性，但不能完全可靠地阻止发病。免疫期一般为3个月，有的采取二次免疫，即第一次注射后半个月再注射一次，免疫效果较好；注射弱毒苗后至少7天不能使用抗菌药物。

二、鸡白痢

鸡白痢是由鸡白痢沙门氏菌引起雏鸡和火鸡的一种败血性传染病,以下痢和败血症为主要特征。3周龄以下雏鸡常见。目前,该病呈世界性分布,各地常有流行。患病小鸡表现衰弱,排白痢,发病急,死亡快。患病种鸡产蛋率下降,种蛋受精率、孵化率下降并发生卵巢炎。病理变化特征是肝脏表面有"雪花样"坏死灶,肺脏形成灰白至灰黄色坏死性结节。

【流行病学】本病主要侵害雏鸡和火鸡,2~3周龄雏鸡发病率、死亡率最高,中鸡偶然亦可暴发高死亡率的疫情,成鸡主要呈隐性或慢性感染。病鸡、带菌鸡是主要传染源,为典型的经卵垂直传播疾病,亦可经消化道、呼吸道等途径感染。一年四季均可发生,鸡群的饲养管理水平和防治措施是否适当对本病的流行具有明显的促进作用。

【症状】蛋中带菌孵出的雏鸡,常一出壳就死。如果是孵出后被传染的,在出壳后数天陆续发病,2~3周龄是雏鸡发病和死亡的高峰,死亡率可达40%~70%。病雏精神沉郁,食欲减低,不食或少食。体温升高,表现怕冷,常成堆地挤在一起,闭眼打瞌睡。突出的表现是下痢,病雏排出白色、浆糊样稀粪,肛门周围的绒毛上粘着石灰样粪便,干后结成硬块堵塞肛门。有的病鸡呼吸困难而急促,后腹部快速地一收一缩。中鸡多发生于40~80日龄。偶有发生急性败血型鸡白痢,病鸡高度沉郁,废食,迅速衰竭死亡。成年鸡呈慢性经过,鸡群陆续出现精神不振,食欲减退,冠髯苍白,垂腹,产蛋量下降,排青棕色稀粪,进行性消瘦。

【病理变化】1周龄以内的病死雏鸡主要可见其脐环愈合不良,卵黄变性和吸收不良。病程稍长的雏鸡,可见肝脏肿大,呈土黄色，表面有"雪花"样坏死灶；肺脏形成灰黄色结节；心肌有灰白色肉芽肿；盲肠可能有柱状"肠芯"；另外还可能出现肾脏肿大、苍白，关节肿大等。中鸡的病理变化与雏鸡相似，但其肝脏肿大更为明显，土黄色，质地脆弱易碎，被膜常发生破裂而大量出血，腹腔积聚血凝块。成年母鸡卵巢萎缩，卵泡无光泽呈淡青色或铅黑色，其内容物呈油脂样。

【诊断】　主要根据本病在不同年龄鸡群中发生的特点以及病鸡的主要病理变化可做出初步诊断，确诊须用鸡白痢平板凝集试验即可作出快速诊断。

【防制】

（1）检疫与消毒。种鸡场应定期进行鸡白痢检疫，发现病鸡及时淘汰。种蛋入孵前用甲醛气体熏蒸消毒。鸡舍、育雏室的一切用具要经常清洗消毒，孵化器在应用之前要用甲醛气体熏蒸消毒。

（2）加强饲养管理。保证提供良好的营养和保证栏舍良好的温度、湿度、密度、通风，尽量减少不良刺激。

（3）药物控制。对3周龄以下的雏鸡要用药物控制发病，出壳后至5日龄，每千克饮水加庆大霉素8万单位；6～10日龄在饲料中要加痢特灵0.02%～0.04%；11日龄起停药3天，无发病苗头，在每千克饲料中加土霉素2g，连用5～7天。

（4）免疫接种。使用本场分离的鸡白痢沙门氏菌制成油乳剂灭活苗做免疫接种。

三、鸡伤寒

鸡伤寒是由鸡伤寒沙门氏菌引起的，以肝、脾等实质器官的病变和下痢为特征，主要发生于鸡的消化道传染病。

【流行病学】　本病主要感染鸡，也可感染火鸡、鸭、鹌鹑等鸟

类。4月龄以下的鸡较成年鸡易感性更高。带菌鸡是主要传染源，也可经蛋传播。除直接或间接经蛋传播外，孵化后的小鸡、中鸡和成年鸡主要经消化道传染。1月龄的鸡发病率最高，可达25%左右，死亡率为10%～50%或更高，在本病流行的鸡场，6月龄时，发病率还有3%左右。

【症状】主要发生于3周龄以上的青年鸡及成年鸡，急性病鸡所表现的症状是突然停食，精神不振，羽毛松乱，头下垂，鸡冠和肉垂苍白、贫血、萎缩，绝食。特征性的症状是腹泻，排淡黄色至绿色稀粪，粘污肛门周围的羽毛，频频饮水，如发生腹膜炎，呈企鹅样的站立姿势。体温上升1～3℃。病鸡迅速死亡，或在发病后4～10天死亡。慢性病鸡消瘦、贫血、冠及肉髯苍白。

【病理变化】肝和心肌上有白色或淡黄色的坏死点，肝脏表面古铜色。有时可见心包膜与心脏粘连。胆囊扩张，充满绿色油状胆汁。小肠黏膜弥漫性出血，慢性病例盲肠内有土黄色栓塞物，肠浆膜面有黄色油脂样物附着。雏鸡感染可见心包膜出血，脾轻度肿大，肺及肠呈卡他性炎症。

【诊断要点】根据流行病学3周龄以上的青年鸡或成年鸡多发，临床症状出现排黄绿色稀粪以及病理变化，肝、脾肿大2～4倍，肝呈古铜色等可做出初步诊断。确诊须进行血清学检查，用直接荧光抗体法诊断本病，准确率可达100%。也可用细菌可溶性菌体抗原做琼脂扩散试验进行诊断和血清抗体检测。

【防制】

（1）常规防治措施：重病鸡及时淘汰处理，轻病鸡隔离治疗，鸡舍及场地要彻底消毒。

（2）药物预防：预防药物用痢特灵，按0.02%～0.04%比例混入饲料。雏鸡每天每只在饮水中饮服链霉素0.01g，也有较好的效果。磺胺二甲基嘧啶、长效复方治菌磺、恩诺沙星、氯霉素、高效氯霉素饮水剂、1号杀魔（恩诺沙星、环丙沙星、诺氟沙星等药的抗菌成分），按说明规定比例饮水，有很好的预防和治疗作用。

四、鸡副伤寒

本病是由沙门氏菌引起的，以下痢、结膜炎、消瘦为特征的传染病。雏鸡多发，成年鸡则为慢性或隐性感染。

【流行病学】病原菌有多种病原型，广泛存在于哺乳动物、鸟类甚至爬行类动物体内或外界环境中，引起多种动物交互感染，也能感染人。因此，该病原除给养禽业造成直接经济损失外，还在公共卫生方面具有特别意义。被污染的饲料、饮水、场地、用具等是重要传染媒介，经消化道传染，也可经带菌蛋传染。鸡感染呈散发或地方性流行，雏鸡在 2 周龄内感染发病，6～10 天为高峰，发病率为 10%～80%；1 月龄以上的家禽有较强的抵抗力，一般不引起死亡；成禽不表现临床症状。

【症状】幼禽呈急性经过，经孵化器感染的幼禽，呈败血症状，不表现症状就迅速死亡。这些病雏的排泄物使同群的鸡感染，多于 10～12 日龄发病，死亡高峰在 10～21 日龄。10 天以上的雏鸡发病的症状为无食欲，离群独自站立，怕冷，喜欢拥挤在温暖的地方，下痢、排出水样稀粪，有的发生眼炎、失明。成年鸡有时有轻度腹泻、消瘦、产蛋减少。

【剖检】病程较长的肝、脾、肾瘀血肿大，肝脏表面有出血条纹和灰白色坏死点，胆囊扩张，充满胆汁。常有心包炎，心包液增多呈黄色，小肠（尤其是十二指肠）有出血性炎症，肠腔中有时有干酪样黄色物质堵塞。

【诊断】根据流行病学雏鸡发病率及死亡率高，成年鸡则为慢性或隐性传染；临床症状出现下痢、结膜炎、消瘦；病理变化可见肝、脾、肾肿大，肝脏表面有出血条纹和灰白色坏死点等进行

诊断。

【防制】

（1）治疗药物。复方泰乐菌素（含酒石酸泰乐菌素、硫氰酸红霉素、呋喃唑酮、VADE）、利高霉素、呼拉杀星溶液、禽康乐100（含卡那霉素、增效剂、红霉素粉）、禽宝丹、环丙沙星、恩诺沙星、氧氟沙星、磺胺类等药物都有较好疗效。

（2）预防。采用综合预防措施，应注意病禽隔离和加强消毒工作。主要是针对感染沙门氏菌的主要途径，即种鸡、种蛋、孵化场、鸡场和饲料进行严格消毒管理。

五、鸡传染性鼻炎

鸡传染性鼻炎是由嗜血杆菌引起的，以眼和鼻黏膜发炎为主要特症的青年鸡和产蛋鸡的急性上呼吸道传染病。本病呈世界性分布，可在育成鸡和产蛋鸡群中发生，由于淘汰鸡数的增多和产蛋的明显减少而引起巨大的经济损失。

【流行病学】 慢性病鸡和康复后的带菌鸡是主要的传染来源，本病主要通过被污染的饲料和饮水经消化道而感染。鸡舍通风不良，氨气浓度过高，鸡舍饲养密度过大，营养水平不良以及气候的突然变化等均可增加本病的严重程度。与其他禽病如支原体病、传染性支气管炎、传染性喉气管炎等混合感染可加重病程，增加死亡率，不同日龄的鸡群混养也常导致本病的暴发。本病在寒冷季节多发，一般秋末和冬季可发生流行，具有来势猛、传播快、发病率高、死亡率低的特点。

【症状】 本病潜伏期短，在鸡群中传播迅速，全群鸡通常有一半表现症状。病鸡颜面肿胀，病初鼻孔流出水样分泌物，继而转为浆液性分泌物，有臭味，变干后成为淡黄色鼻痂，呼吸不畅，病鸡常摇头或以脚爪搔鼻部。病鸡精神萎靡，垂头缩颈，食欲明显降低，有时甩头、打喷嚏、眼结膜发炎、眼睑肿胀，有的流泪甚至失明。部分病鸡可见下颌部或肉髯水肿。鸡生长发育不良，病的后期有个别鸡因瘦弱而死亡。

【病理变化】　主要是鼻腔和鼻窦黏膜充血、肿胀，有大量黏液和炎性渗出物的凝块。眼结膜充血发炎，眼部肿胀，甚至巩膜穿孔或眼球受损而失明。部分鸡可见下颌及肉髯皮下水肿。

【诊断】　根据流行特点、临床症状以及病理变化等特点进行综合分析，可做出初步诊断。确诊须对鸡眼、鼻腔、眶下窦分泌物进行涂片镜检，细菌分离以及生化试验等。染色后镜检，发现有革兰氏阴性球杆菌，且呈多形性存在，偶尔呈纤丝状，菌体周围有荚膜。该菌可分解葡萄糖、果糖、蔗糖、甘露醇、山梨醇，产酸；吲哚试验、尿素酶试验、过氧化氢酶试验均为阴性，能还原硝酸盐，不液化明胶。

【防制】

（1）疫苗接种。首次免疫，21～42 日龄皮下注射鸡传染性鼻炎油乳剂灭活苗，每只 0.5mL；加强免疫，120 日龄皮下注射鸡传染性鼻炎油乳剂灭活苗，每只 0.5mL。

（2）注意饲养管理。鸡舍应通风良好，防止寒冷和潮湿，不能过分拥挤，多喂富含维生素 A 的饲料，以增强鸡的抗病能力。

（3）鸡群发病时，可用下列药物治疗。

① 链霉素，成年鸡每千克饮水中加 100 万单位，6 周龄以下的雏鸡，每 1.5kg 饮水中加 100 万单位；重病鸡，每千克体重肌内注射 8 万～10 万单位，每天 2 次，连用 2～3 天后放回大群饮水。

② 复方泰乐菌素每千克饮水加 2g，连用 5 天，疗效较好。

③ 用磺胺药饮水 7 天，同时用土霉素拌料 3 天，并用 2% 硼酸水冲洗眼眶，同时滴入青霉素油剂 1～2 滴，每天 2 次，连续 4 天。

（4）注意日常管理。

① 鸡舍内氨气含量过大是发生本病的重要因素。故要注意通风以降低鸡舍内氨气的浓度。

② 寒冷季节气候干燥，舍内空气污浊，应通过带鸡消毒以降低空气中的粉尘，净化空气，可起到防制本病的作用。

③ 加强饮水用具的清洗消毒和饮用水的消毒。

④ 鸡场工作人员，应严格执行更衣、洗澡和换鞋等防疫制度。

⑤ 对周转后空闲的鸡舍，必须严格、彻底地清除其内的粪便和其他污物，并用高压自来水彻底冲洗，喷洒消毒，最后进行福尔马林熏蒸消毒后闲置2周，进鸡前再熏蒸消毒1次。

六、鸡大肠杆菌病

鸡大肠杆菌病是由大肠埃希氏杆菌的某些致病性血清型菌株引起的一种常见多发性传染病。其中包括大肠杆菌急性败血病、卵黄性腹膜炎、输卵管炎、初生雏鸡脐炎、气囊病、心包炎、全眼球炎、肉芽肿等多种疾病。雏鸡及4月龄以下的鸡易感性高，对养鸡业危害较大。

【流行病学】 鸡大肠杆菌在鸡场普遍存在，特别是通风不良、大量积粪鸡舍，在垫料、空气尘埃、污染用具等处环境中染菌最高。大肠埃希氏菌随粪便排出，并可污染蛋壳或从感染的卵巢、输卵管等处侵入蛋内，在孵育过程中使鸡胚死亡或出壳后发病和带菌，是该病传播过程中的重要途径。带菌鸡以水平方式传染健康鸡，消化道、呼吸道为常见的传染门户，交配或污染的输精管等也可经生殖道造成传染。本病主要发生于密集化养鸡场，所有鸡不分品种、性别、日龄均对本菌易感。特别是雏鸡发病最多，如污秽、拥挤、潮湿、通风不良的环境，过冷、过热或温差很大的气候，有毒有害气体（氨气或硫化氢等）的长期存在，饲养管理失调，营养不良（维生素的缺乏）以及病原微生物（如支原体及病毒）感染所造成的应激等均可促进本病的发生。

【症状与病理变化】鸡大肠杆菌病没有特征的临床表现，但与鸡只发病日龄、病程长短、受侵害的组织器官及部位、有无继发或混合感染等都有很大关系。根据症状和病理变化可分多种病型：大肠埃希氏菌败血病，初生雏鸡脐炎，气囊病，心包炎，卵黄性腹膜炎，输卵管炎，关节炎及滑膜炎，全眼球炎，脑炎，肉芽肿以及肿头综合征等，但以大肠杆菌败血症为多见。

（1）大肠埃希氏菌急性败血症。本病常引起幼雏或成鸡急性死亡。剖检时常可闻到特殊臭味，特征性病变是肝脏呈铜绿色和胸肌充血，有的肝脏表面有小白色病灶，肝脏边缘钝圆，外有纤维素性白色包膜。各器官呈败血症变化，也可见心包炎、腹膜炎、肠卡他性炎等病变。

（2）初生雏鸡脐炎。俗称大肚脐。病雏精神沉郁，少食或绝食，腹部胀大，脐孔及其周围皮肤发红、水肿。此种病雏多在1周内死亡或淘汰。另一种表现为下痢，除精神、食欲差，可见排出泥土样粪便，病雏1~2天死亡，死亡不见明显高峰。剖检见卵黄囊不吸收，囊壁充血、出血，内容物黄绿色、黏稠或稀薄水样、脓样，甚至卵黄内为脓血性渗出物，脐孔开张、红肿。

（3）气囊病。主要发生于3~12周龄幼雏，特别3~8周龄肉仔鸡最为多见。气囊病也经常伴有心包炎、肝周炎，偶尔可见败血症、眼球炎和滑膜炎等。病鸡表现沉郁，呼吸困难，有啰音和喷嚏等症状。气囊壁增厚、混浊，有的有纤维素样渗出物，囊腔内常含有白色的干酪性渗出物，有的病例只见肺水肿、肺呈青绿色，液化。

【诊断】

（1）根据流行特点和典型的病理变化可做出初步诊断。

① 肉鸡多在3~7周龄发生，3周龄以下雏鸡多为急性经过。

②结膜发炎，鸡冠暗紫，排黄白色或黄绿色稀粪，剖检时可闻到特殊臭味，肝呈铜绿色。

（2）实验室确诊。该病确诊须用实验室病原检验方法，排除其他病原感染（病毒、细菌、支原体等），经鉴定为致病性血清型大肠杆菌，方可认为是原发性大肠埃希氏菌病；在其他原发性疾病中分离出大肠杆菌时，应视为继发性大肠杆菌病。

【防制】鉴于该病的发生与外界各种应激因素有关，预防本病首先是在平时加强对鸡群的饲养管理。另外，应搞好常见多发疾病的预防工作。

（1）疫苗接种。10日龄左右肌内注射鸡大肠杆菌多价油乳剂灭活疫苗，每只0.5mL。

（2）预防措施。防止种蛋传播，鸡舍和用具要经常清洗消毒。

（3）用抗生素或磺胺类药物治疗。常用的有庆大霉素、氯霉素、卡那霉素、链霉素、土霉素、复方新诺明等。但用药时要注意观察疗效，疗效不显著及时换药。

（4）加强管理。注意通风、温度、湿度和饲养密度，及时清理粪便，注意饲料品质及营养。另外，该病也常继发于其他疫病发生的过程中，特别是在慢性呼吸道病时，故也应注意有效地控制鸡场的常见病和多发病。

七、鸡葡萄球菌病

葡萄球菌病是由金黄色葡萄球菌引起的传染病，主要特征是关节炎或皮肤发生水疱性炎症。主要发生于肉用仔鸡、笼养鸡及饲养条件较差的鸡，给养鸡业造成了较大损失。

【流行病学】该病发生与鸡的品种有明显关系，肉种鸡及白羽产白壳蛋的轻型鸡易发、高发；而褐羽产褐壳蛋的中型鸡则很少发生。肉用仔鸡对本病也较易感。另一特点是本病发生的时间是在鸡40~80日龄多发，成年鸡发生较少。本病的发生多与创伤有关，凡能造成皮肤黏膜损伤的因素，如带翅号、断喙、刺种疫苗、网刺、刮伤和扭伤等都可成为本病发生的诱因，雏鸡脐带感染也较为常见。此外，当鸡痘发生时可致本病暴发。通过呼吸道感染也有可能。本病一年四季均可发生，以雨季、潮湿时节发生较多，饲养管理不善等能促进本病的发生。

【临床症状】败血型一般可见病鸡精神沉郁，呆立缩颈，羽毛粗乱无光泽，两翅下垂，食欲减少或绝食。部分病鸡出现下痢，排出灰白色或绿色稀粪。较为特征的症状是胸腹部甚至波及大腿内侧皮下浮肿，积聚数量不等的血液和渗出液，外观紫色或紫黑色，有波动感，局部羽毛用手一抹即可脱落。关节炎型多见于比较大的青年鸡和成年鸡，病鸡的腿翅部分关节肿胀、热痛、行走不便、跛行、喜卧。病程后期，病鸡站立不稳，倒地挣扎死亡。急性病例死亡鸡营养情况良好。

【病理变化】剪开胸部皮肤，可见到整个胸前、腹部皮下充血、溶血，呈弥漫性紫红色或暗红色，伴有大量液体流出。胸腹部及大腿内侧肌肉有散在出血斑点，胸骨突起，两侧出血严重。剖开肿大关节，滑膜增厚充血、出血，关节囊内有或多或少的浆液，或有纤维素性渗出物。病程稍长的鸡，在关节囊内可见到干酪样物。肝肿大呈淡紫色，有大理石样花纹变化，有的可见数量不等的白色坏死点。脾脏肿大呈紫红色。心包膜内有淡红色液体，心冠脂肪充血明显。肠充血、出血。

【诊断】根据发病特点、临床症状、病理变化并结合细菌学检查进行本病的诊断。诊断要点：多发生于3~6周龄的雏鸡，肉鸡发生较多。胸腹部皮肤发生水疱性炎症，关节肿大。

【治疗】采取药物治疗是防治本病的主要措施，庆大霉素、卡那霉素、痢特灵、氟哌酸、新霉素等均有一定的治疗效果。

鸡群发病时，选用0.04%氟哌酸或0.04%痢特灵拌料，进行全群投药，连喂5~7天。同时还可配合肌内注射庆大霉素或卡那霉素以减少发病鸡死亡。

【预防】加强饲养管理，注意禽舍通风，保持清洁，避免拥挤，光照适当，饲料中要有适当的维生素和无机盐，笼具要经常检修以防造成外伤，同时做好鸡群的鸡痘免疫接种工作。用0.1%~0.3%过氧乙酸定期对鸡舍进行带鸡消毒，对防治本病有较好效果。在常发地区或药物治疗效果很差甚至无效的地区，可考虑使用疫苗接种防制本病。国内研制的鸡葡萄球菌多价氢氧化铝灭活苗可有效预防该病的发生。

八、鸡毒支原体感染

该病又称慢性呼吸道病，是由鸡毒支原体引起的一种接触性呼吸道传染病，其临床特征是呼吸鸣音、咳嗽、鼻漏及气囊炎等。主要病理变化为鼻腔、气管、支气管和气囊内有黏稠渗出物。该病病程长，病理变化发展慢，是养鸡业中常见的多发病。

【流行病学】鸡和火鸡是该病的主要宿主，其他禽类如野鸡、珍珠鸡、鹌鹑、孔雀、鸭和鹅等也可感染。鸡以4~8周龄时最易感，火鸡发病多见于5~16周龄，成年鸡常为隐性感染，感染后免疫力下降。本病主要通过污染的饲料、饮水或病鸡呼吸道排泄物等直接接触传播，带菌种蛋的垂直卵传播也是重要的途径。单纯感染本病，在鸡群中流行缓慢，发病不严重，当空气中氨含量较高时，会急速增加支原体的数量。若同时伴有不良的环境因素、鸡舍潮湿拥挤、饲料营养不足、气候突变等，以及新城疫疫苗气雾免疫的刺激甚至传染性支气管炎、禽腺病毒、甲型流感病毒、呼肠孤病毒和大肠杆菌病等的混合作用均可加重本病的发生和流行。该病一年四季均可发生，但以气候多变和寒冷季节时发生较多。

【症状】在自然情况下，鸡毒支原体感染的出现常常受到不利环境因素、应激以及并发感染的影响。病初出现呼吸道症状，流出水样鼻液，常摇头，或作吞咽动作，鼻液变稠时呼吸不畅，常张口呼吸。中期咳嗽，打喷嚏。后期眼睑肿胀，一侧或两侧眼结膜发炎，流泪，严重的双眼紧闭，病程长的眼内蓄积黄白色豆渣样渗出物。雏鸡生长缓慢，成年鸡常呈隐性感染，产蛋下降，产软壳蛋的比例增大，种蛋孵化率明显降低，孵出的弱雏率增加。常表现为"三轻三重"：用药时轻些，停药较久时重些；天气好时轻些，天气突变或连阴时重些；饲养管理良好时轻些，反之重些。幼鸡群比成年鸡群发病多，火鸡感染主要表现窦炎引起的眶下窦肿胀和呼吸困难。

【病理变化】病死鸡表现消瘦、发育不良。喉头、鼻腔、气管、肺中充满黏液性渗出物，黏膜增厚，严重的气管中有坏死性的渗出物。气囊混浊，并有干酪样物或灰黄色结节。眼睑水肿、粘连，严重的还可见心包膜和肝表面有灰白色纤维膜覆盖。

【诊断】根据临床症状、流行病学特点及病理变化可以做出初步诊断，确诊仍需进行实验室检验。

【防制】

（1）控制种蛋上该病的传播。种蛋入孵前在红霉素溶液（每千克清水中加红霉素 0.4~1.0g，用红霉素针剂配制）中浸泡 15~20 分钟。

（2）药物治疗。

① 泰乐菌素，鸡的内服量每千克体重为 25mg，混饮浓度为 0.05%；混饲浓度为 0.002%~0.005%，连用 7 天。

② 链霉素，每只成鸡 0.2g，5~6 周龄雏鸡 50~80mg，每天 1 次，连用 2~3 天。

③ 中草药方剂，即麻黄、杏仁、石膏、桔梗、黄芩、连翘、

金银花、金荞麦根、牛蒡子、穿心莲、甘草，共研细末，混匀。治疗按每只鸡每次 0.5~1g，拌料饲喂，连续 5 天。预防按上述剂量每间隔 5 天投药 1 次，共投药 5~8 次，拌料饲喂。

（3）净化鸡群。对来自无病原种鸡群新培养的青年种鸡，4 月龄检查 1 次（数量为总鸡数的 10%），间隔 90 天内再检查 1 次，使用血清平板法，随时淘汰阳性鸡，以建立净化鸡群。对种蛋可考虑用浸蛋法和种蛋孵化前的热处理杀死蛋内的鸡毒支原体，但可影响孵化率。

（4）使用疫苗进行防制。灭活苗和弱毒苗对防制鸡毒支原体感染有一定的效果。种鸡注射灭活苗可减少经蛋传播，降低第 2 代鸡的感染率。

九、鸡滑液囊支原体病

鸡滑液囊支原体病是由鸡滑液囊支原体引起的鸡和火鸡的一种传染病，又称鸡传染性滑膜炎，其特征是关节、腱鞘、脚掌和实质器官的肿大，滑液囊及肌腱发炎，气囊有干酪物。该病病程长，发展缓慢，鸡群一旦感染该病，根除困难，并易发生混合感染，导致生长发育迟缓、饲料利用率低、产蛋量下降和死亡率增高等。

【流行病学】滑液囊支原体主要感染鸡、火鸡以及珍珠鸡，鸭、鹅、鸽、日本鹌鹑、红腿鹧鸪也可感染，且以幼雏为主，特别是 4~16 周龄的肉雏鸡和 10~24 周龄的火鸡易感，经蛋感染的雏鸡可在 1 周龄内发病。人工接种时野鸡、鹅、鸭也可感染，自然感染的潜伏期 24~80 天。病鸡和带菌鸡是主要的传染源，其持续排菌时可达 40 天左右。该病既可经卵垂直传播，又可以直接接触经呼吸道水平传播，通过吸血昆虫也可感染。该病一年四季均可发生，但以寒冷、潮湿季节或卫生条件、饲养管理不善时多见。该病发病率较高，死亡率为 1%～10%。成年鸡多为慢性或隐性感染。

【症状】病鸡鸡冠萎缩、发白，离群、喜卧，缩头闭眼，生长迟缓，羽毛粗乱，步态呈轻微的八字步，跛行，贫血。排绿色粪便，腹水，消瘦。关节典型症状是跗关节、趾关节、翼关节或爪垫肿胀、变形，有时可达鸽蛋大，触之有波动感，鸡只跛行，见胸部囊肿，急性病鸡粪便常呈绿色或硫黄色。由于不能正常采食或饮水，许多病鸡最终失水和消瘦。

【病理变化】发病早期，大多数病鸡在肿胀明显的关节、腱鞘中有黏稠、乳酪色至灰白色渗出物，病程长者渗出物呈干酪样，被感染关节表面常为黄色或橘红色，特征性渗出物量以跗关节、翼关节或足垫较多，关节膜增厚，关节肿大突出。严重病例甚至在头顶和颈上方出现干酪物。受影响的关节色黄红，有时关节软骨出现糜烂。

【诊断】根据病史、临床症状及病变可作出初步诊断，由于该病的症状和病理变化并不是特征性的，故确诊需将初步诊断结果与血清学检测结果相结合。诊断时必须将滑膜炎和葡萄球菌、鸡伤寒、鸡白痢、病毒性关节炎引起的关节炎相区别。葡萄球菌引起的关节炎及滑膜炎虽也有肿胀、跛行，但多有趾瘤。且在部分鸡的体表有溃烂，呈紫色。

【防制】

（1）加强雏鸡的饲养管理是防治本病的关键。鸡舍地面、育雏室要经常清扫，定期消毒。从无滑膜炎的种鸡场引种，应该采取全进全出的饲养制度。

（2）免疫接种鸡滑液囊支原体灭活菌苗或弱毒疫苗，可控制该病的传播。发病鸡场雏鸡出壳后 10 天内，可使用抗支原体药物控制支原体病，减少该病在雏鸡间的水平传播，并及时免疫接种，以保证免疫预防的效果最佳。

十、鸡曲霉菌病

鸡的曲霉菌病是一种由真菌引起的传染性疾病，其常见病原体为烟曲霉菌，有时还见伴有黄曲霉、黑曲霉与构巢曲霉等菌的混合感染。该病的主要特征为出现霉菌性肺炎，有时还侵害其他器官组织。

【流行病学】本病在世界各地广泛发生，尤其是在气候温暖与潮湿地带，因霉菌滋生迅速，饲料、垫料和用具常受到霉菌孢子的污染。当动物抵抗力降低时容易发生感染。受曲霉菌侵害的禽类有鸡、火鸡、鸭、鹅、鸽、鹌鹑、孔雀、鸵鸟等。各种年龄的禽类均可感染，但以雏禽发病多见，且常为暴发；成年禽则为散发。

【症状】按病程本病有急性、慢性两型，但以急性型多见，此型主要发生于1月龄以内的雏禽。

（1）急性曲霉菌病。又称败血型或呼吸型曲霉菌病。发病以1～3周龄为多见，主要症状是呼吸次数突然增加，伸颈张口喘气，眼鼻流液，有甩鼻表现；有的眼睑肿胀，分泌物增多，甚至引起角膜溃疡后形成白翳；看上去是"白眼病"。同时出现全身症状，如不食、后期下痢，病程2～3天，死亡率可达50%。

（2）慢性型霉菌病。主要见于成年禽，其病程可长达数周，症状比较缓和，死亡率较低。

【病理变化】本病以侵害肺脏为主，典型病例可见肺、气囊和胸腹腔中有一种从针尖至小米粒大小的结节，呈灰白或淡黄色，质地柔软而有弹性。有时在肺、气囊、气管和腹腔，用肉眼即可看到成团的霉菌斑。

【诊断】根据多发生于5～20日龄幼雏；出现呼吸突然困难，死亡率高，死后在肺部有针尖至小米粒大的灰白色结节即可对本病做出诊断。

【防制】

（1）加强雏鸡的饲养管理是防治本病的关键。梅雨季节做好防潮工作，不喂发霉的饲料，不使用发霉的垫料，鸡舍地面、育雏室要经常清扫，用5%石炭酸消毒。同时加强鸡舍通风，最大限度地减少舍内空气中霉菌的数量。

（2）制霉菌素治疗方法。剂量为每1 000只雏鸡用50万单位，日服2次，同时用0.05%硫酸铜溶液饮水。两药同时应用5~7天。再单用硫酸铜5~7天后，通过以上措施，可很快制止死亡。

十一、禽溃疡性肠炎

禽溃疡性肠炎是由肠梭菌引起幼年鸡、火鸡和鹌鹑等鸟类的一种急性细菌性传染病。以突然发病，迅速大量死亡，肝脏表面有大小不一的黄白色坏死斑点，肠黏膜出血和有黄白色的溃疡灶为特征。随着养鸡业的发展，本病的发生呈上升趋势。

【流行病学】鸡、鹌鹑、火鸡、野鸡、鸽均易感。尤以鹌鹑最为易感。主要是由于发病幼禽的粪便污染了饲料饮水，经消化道而感染；在同一养殖场，其他病禽也可成为主要传染来源。蚊蝇是本病的传播媒介。饲料腐败，卫生条件不良，阴雨潮湿都是诱发因素。

【症状】病禽常常突然死亡，尤以幼龄鹌鹑为明显。病鸡表现不安，弓背，精神萎靡，眼半闭，羽毛松乱，行动缓慢，腹泻。如不及时救治，致死率可达100%。

【病理变化】剖检可见肠道有许多圆形的溃疡，有的病例肠内有出血，严重的病例可造成肠壁穿孔引起腹膜炎。肝脏有黄色局限性病灶或花斑状病灶，有的病例肝脏有许多小的黄色病灶。脾肿

大，出血。

【诊断】根据发病特点、临床症状、病理变化并结合细菌学检查进行本病的诊断。

【防制】必须坚持综合性防疫措施，才能取得满意的效果。

（1）预防。每周对禽舍进行 1 次消毒，可选用 0.10%百毒杀、0.10%安唯消或 5%来苏尔等。平时保持禽舍的清洁卫生，定期清除粪便，避免饲料、饮水受污染，保持禽舍相对干燥；鹧鸪与其他禽类分开饲养。采用网上饲养和笼养，减少粪便对饲料和饮水的污染。饲料中添加氯霉素（500g/t）或链霉素（60g/t）混饲。

（2）治疗。选用氯霉素、痢特灵、泰乐菌素等拌料投喂 3 天，可有效治疗本病。同时注意改善饲养管理条件，增加多种维生素的用量及防止球虫的继发感染。

鸡寄生虫病

我国鸡寄生虫病防制的基础工作经过几代人的努力虽已取得了显著成绩，危害我国养鸡业的寄生虫病种类已经基本摸清，明确了主要寄生虫病的流行规律。但是一些呈地方性流行的寄生虫病仍然严重，寄生虫病防治技术仍然需要进一步提高。

寄生虫长期消耗鸡体的营养，造成机械损伤，降低了饲料的利用，从而导致生长缓慢，饲料报酬降低，或因缺乏营养而死亡。另外，还可引起生产性能下降、产品的品质降低、带来其他传染病、人畜共患病等问题。这种慢性过程带来的经济损失是巨大的，远远高于其他任何疾病带来的经济损失，并且寄生虫病引起的经济损失涉及千家万户，难以计算。

因此，本章简要地概述我国常见的各种寄生虫病。在每一种寄生虫病中，比较详尽地阐述了其病原、生活史、症状及病变、诊断和防治等内容。为畜牧工作者和养鸡专业户做出正确的诊断和制定切合实际的控制办法提供了帮助，从而可减少鸡寄生虫病的发生，减少因寄生虫病所造成的经济损失。

一、鸡前殖吸虫病

本病是由前殖吸虫寄生于鸡的肠道、泄殖腔、腔上囊和输卵管

引起的一种寄生虫病。在我国已流行多年，南方地区尤为多见。

【病原】 前殖吸虫种类较多，能感染鸡的有卵圆前殖吸虫、楔形前殖吸虫和透明前殖吸虫等。虫体扁平较透明，内部器官清晰可见，大小约为5mm×2mm，具有吸盘和小棘，前两种吸虫前端较狭窄，后端宽而圆，外观呈梨形。透明前殖吸虫呈椭圆形。

【生活史】 前殖吸虫发育需要2个中间宿主。成虫在鸡的输卵管、腔上囊或直肠内产卵，虫卵随粪便或排泄物排出体外落入水中后，被第一中间宿主淡水螺吞食，并在其体内孵化为毛蚴。毛蚴发育成胞蚴，胞蚴发育成尾蚴，尾蚴离开螺体进入水中。如遇到第二中间宿主蜻蜓幼虫，即钻入其体内发育成囊蚴。当鸡啄食了含有囊蚴的蜻蜓后，就会发生感染。囊蚴在鸡体内发育成为成虫。

【症状及病变】 本病在春夏两季多发，病初无明显症状。病情严重时，病鸡食欲不振，消瘦，精神萎靡，羽毛粗乱，常蹲伏平地作产蛋姿势。成年病鸡产软壳蛋、无壳蛋或畸形蛋，有时从泄殖腔排出蛋壳碎片或流出浓稠的白色液体。有些病鸡腹部膨大，步态不稳，两腿叉开，泄殖腔外翻并充血潮红，严重时可引起死亡。剖检时可见输卵管黏膜增厚、充血、发炎或出血，管壁上可找到虫体，管内有渗出物和残留的蛋物质。部分病鸡的输卵管因炎症的加剧而导致输卵管破裂，继发卵黄性腹膜炎。

【诊断】 在本病流行的地区，遇有可疑病鸡或排畸形蛋、变质蛋的鸡时，可取泄殖腔排泄物镜检，观察有无虫卵；或剖检病鸡，若找到虫体即可确诊。

【治疗】

（1）四氯化碳。根据鸡只的大小，每只鸡注射或灌服2~3mL，也可以与等量的植物油混合后做嗉囊注射。常用于早期的驱虫。

（2）丙硫苯咪唑。按每千克体重100~120mg，一次性口服。

（3）硫双二氯酚。按每千克体重200~300mg，一次性口服。

（4）吡喹酮。按每千克体重60mg，一次性口服。

【预防】 在流行地区，可在春夏季节进行有计划的驱虫。防止鸡啄食蜻蜓及其幼虫，在蜻蜓出没的季节，勿在清晨、傍晚以及雨后到池塘边放牧，以防发生感染。有条件的地区，可使用化学杀虫剂消灭第一中间宿主。

二、鸡棘口吸虫病

鸡棘口吸虫病是由寄生于鸡大肠和小肠中的棘口吸虫引起的，在我国各地均有分布。

【病原】 棘口吸虫的种类颇多，在我国主要有卷棘口吸虫、宫川棘口吸虫。

（1）卷棘口吸虫。虫体呈长叶状，大小为（7.6~12.6）mm×（1.26~1.60）mm。体表有小棘，有 37 个头棘。卵巢呈圆形或扁圆形，位于虫体中央或偏前。睾丸边缘光滑，呈椭圆形，前后排列，位于卵巢后方。主要寄生于鸡的直肠和盲肠内，偶尔可见于小肠内。中间宿主均为淡水螺。

（2）宫川棘口吸虫。在我国广泛分布，形态结构与卷棘口吸虫极为相似，主要区别在于其睾丸有分叶。成虫主要寄生于家禽和野禽，也可寄生于人和犬的小肠和大肠中。

（3）曲领棘缘吸虫。虫体较小，其大小为（2.5~5.0）mm×（0.4~0.7）mm。2 个长圆形或稍有分叶的睾丸前后紧密相连；卵巢呈球形，位于虫体中央。成虫主要寄生于家禽和野禽，在人、犬和鼠类的十二指肠中也有发现。

【发育史】 成虫寄生于鸡的小肠、盲肠和直肠内并产卵，虫卵随粪便排出体外，适宜的温度下（30℃）在水中经 7~10 天孵化成毛蚴，毛蚴进入第一中间宿主淡水螺体内，发育为胞蚴，胞蚴发育成母雷蚴，母雷蚴发育成子雷蚴，子雷蚴逐渐发育成尾蚴，尾蚴可

鸡病早防快治

在同一螺体内形成囊蚴，也可离开螺体在水中游动，进入第二中间宿主（一些螺蛳、蝌蚪、鱼类等）的体内变成囊蚴，鸡吞食了含有囊蚴的第二中间宿主而遭受感染。囊蚴在鸡消化道中，约经过20天发育为成虫并产卵。

【症状及病变】少量虫体寄生时，一般不表现临床症状。当幼鸡被严重感染后，食欲减退，下痢，迅速消瘦，贫血，生长发育受阻，最终因极度衰竭而死亡。剖检时可见出血性肠炎，肠管内充满黏液，许多虫体附着在直肠和盲肠的黏膜上，引起寄生部位的损伤和出血。

【治疗】

（1）丙硫苯咪唑。按每千克体重15~30mg，一次性口服。

（2）硫双二氯酚。按每千克体重150~200mg，一次性口服或拌在饲料中饲喂。

（3）氯硝柳胺。按每千克体重100~150mg，一次性口服或按50~60mg/kg体重，拌在饲料中饲喂。

【预防】在本病流行区，对鸡群应进行有计划的定期驱虫，驱出的虫体以及从鸡舍中清扫出来的粪便，应堆积发酵处理，以杀灭虫卵。消灭中间宿主。切勿以浮萍或水草等用作饲料，不要给鸡饲喂生鱼或贝类以防感染本病。

三、鸡赖利绦虫病

本病主要是四角赖利绦虫、有轮赖利绦虫和棘沟赖利绦虫寄生于鸡的小肠而引起的寄生虫病，雏鸡更容易感染。我国各地均有发生，对养鸡业的危害较大。在流行地区，放养的鸡群可能大群感染，并能引起严重的死亡。

【病原】在我国最常见的赖利绦虫有以下3种。

（1）棘沟赖利绦虫。成虫体长达 25cm，头节的顶突上有 2 圈小钩，有 200~240 个；具有 4 个圆形有钩的吸盘；生殖孔开口于节片的后半部，具有睾丸 18~35 个，偏向节片的前缘。蚂蚁为其中间宿主。

（2）有轮赖利绦虫。虫体较小，不超过 4cm、偶可达 15cm，头节的顶突宽大肥厚，形似轮状，突出于前端，上有 2 圈小钩，有 400~500 个；具有 4 个无钩不发达的吸盘；生殖孔开口不规则，睾丸为 20~30 个，位于节片的后部。甲虫和蝇类为其中间宿主。

（3）四角赖利绦虫。成虫体长达 25cm，头节顶突较小，有 1~3 圈小钩，有 90~130 个；具有 4 个椭圆形有钩的吸盘；每个节片为一套生殖器官，生殖孔通常向一侧开口，具有 18~35 个睾丸，偏向节片的前缘。蚂蚁为其中间宿主。

【生活史】孕卵节片随粪便排出体外，被中间宿主吞食后，在其体内发育成似囊尾蚴。鸡啄食了带有似囊尾蚴的中间宿主后遭受感染。似囊尾蚴在鸡小肠内发育为成虫。

【症状及病变】各种年龄的鸡均可发病，雏鸡更易感，25~40 日龄的雏鸡感染后发病率和死亡率最高。病鸡消化障碍，食欲下降，渴欲增加，消瘦，不喜运动，两翅下垂，黏膜苍白；往往腹泻并伴有血样黏液，有时便秘。患病母鸡产蛋量显著下降，甚至停产。雏鸡生长发育受阻，常因体弱或伴有继发病而死亡。剖检时可见肠道黏膜增厚，黏膜上附有虫体。

【诊断】在粪便中找到白色小米粒样的孕卵节片即可确诊。

【治疗】可选用以下药物进行驱虫治疗。

（1）灭绦灵。按每千克体重 150~200mg，混入饲料中喂服。

（2）硫双二氯酚，成年鸡按每千克体重 100~200mg，混入饲料中喂服。小鸡可适当减量。

（3）丙硫苯咪唑，按每千克体重 15~20mg，与饲料或面粉做成丸剂，一次性喂服。

（4）槟榔。取 1.0~1.5 g 槟榔片或槟榔粉，加水煎汁，早晨空腹时用细胶皮管或小胃管直接灌入嗉囊内灌服，并供给充足饮水，服药后 2~5 天内会有虫体排出。

【预防】要经常清除鸡粪，并进行发酵处理，以杀死孕卵节片中的虫卵。在鸡舍内外要定期杀灭昆虫。一旦发现病鸡，应立即进行驱虫以消灭病原体。在流行地区，应有计划地定期进行预防性驱虫。同时，雏鸡与成年鸡应分开饲养。新购买的鸡应在驱虫后再合群。

四、鸡节片戴文绦虫病

本病是由节片戴文绦虫寄生于鸡的十二指肠所引起的一种急性、腹泻性寄生虫病。世界各地均有发生，在我国有广泛分布。对雏鸡的危害严重。

【病原】成虫短小，仅有 0.5~3.0mm 长，由 4~9 个节片组成。吸盘上有 3~6 列小钩，顶突上有钩。生殖孔规则地交替开口于每个节片的侧缘前部；雄茎较大。具有 12~15 个睾丸，排成 2 列，位于体节后部。孕节子宫分裂为许多卵袋，内含一个 28~40μm 大小的虫卵。

【生活史】成虫脱落的孕卵节片随宿主粪便排至外界，被中间宿主某些蛞蝓或陆地螺吞食后，在其体内最终发育成似囊尾蚴。当鸡吞食了含有似囊尾蚴的中间宿主后遭受感染。似囊尾蚴在鸡小肠中经过约 2 周时间发育为成虫。

【症状】患病鸡经常腹泻，粪便中带有黏液或血液，高度衰弱、消瘦、羽毛污秽、行动迟缓、四肢无力、呼吸困难。有时从两腿开始发生麻痹，逐渐发展并波及全身，最终死亡。

【诊断】若鸡有上述症状时，应在早晨收集粪便，仔细检查。

若在粪便中发现孕卵节片或尸检时找到虫体即可确诊。

【治疗】 选用含有下列药物的饲料丸对机投服，有很好的驱虫效果。

（1）硫双二氯酚。每千克体重200mg拌入饲料中。

（2）丙硫苯咪唑。每千克体重30mg拌入饲料中。

（3）吡喹酮。每千克体重10~15mg拌入饲料中。

（4）灭绦灵（50~65mg/kg体重）等做成的饲料丸进行投服。

【预防】 在本病的流行地区应对所饲养的鸡群进行定期驱虫；鸡舍和运动场应保持干燥并及时清除粪便。

五、鸡蛔虫病

鸡蛔虫病是常见的一种蠕虫病，是由禽蛔科禽蛔属的鸡蛔虫寄生于鸡的小肠引起的。世界各地均有分布，在我国也是一种最常见的鸡寄生虫病。本病影响雏鸡的生长发育和母鸡的产蛋性能，严重时可引起雏鸡大批死亡，对养鸡业危害较大。地面饲养的鸡群对鸡蛔虫的感染往往更为严重。

【病原】 鸡蛔虫是寄生于鸡体内最大的一种线虫，呈淡黄色或乳白色，似豆芽梗样，头端有3片大唇。雄虫长2.6~7.0cm，肛前有一个卵圆形或圆形吸盘，尾部有1对明显的尾翼和10对尾乳突，交合刺近于等长。雌虫长6.5~11cm，阴门开口于虫体前中部。虫卵呈椭圆形，卵壳厚而光滑呈深灰色，虫卵对严寒的抵抗力较强，但高温、干燥和直射日光很容易将其杀死。

【生活史】 雌虫在小肠内产卵，随粪便排到体外，在适宜的温度（30~33℃）和湿度条件下发育成感染性虫卵。鸡吞食了这种虫卵而感染。幼虫在十二指肠孵出后进入小肠，钻进肠黏膜内发育，引起黏膜出血，然后重返肠腔，直接发育为成虫。从感染开始到发

育为成虫为 35~50 天。

成年带虫鸡是主要的感染源。它能排出大量的虫卵，虫卵对外界环境和消毒剂有很强的抵抗力，在鸡舍周围的湿润土壤中可存活 2~3 年之久。若虫卵进入蚯蚓体内，其存活期会更长。自然感染主要通过受感染性虫卵污染的饲料和饮水传播，偶尔因啄食体内带有感染性虫卵的蚯蚓而传播。在温暖潮湿、场地不洁、鸡群拥挤等情况下，常可诱发鸡感染本病并流行。3~4 月龄的雏鸡易于感染，病情也较重，6 月龄以上的鸡有较强的抵抗力，12 月龄以上的鸡多为带虫者。肉鸡对蛔虫病的抵抗力较蛋鸡强，本地鸡较外来鸡抵抗力强。另外鸡感染和发病与饲养管理有密切的关系。饲养条件好，饲料中含有丰富和足量的蛋白质、维生素 A 和 B 族维生素时，可提高鸡体的免疫力。

【症状】雏鸡感染发病后生长发育受阻，精神萎靡，行动迟缓，常呆立不动，翅膀下垂，羽毛松乱，鸡冠苍白，黏膜贫血；食欲减退，逐渐消瘦，下痢和便秘交替发生，有时排出的稀粪中混有带血的黏液或虫体，逐渐衰弱死亡。成年鸡多为轻度感染，一般不表现症状，个别严重的出现生长不良，贫血，母鸡产蛋量下降和下痢。

【诊断】鸡感染蛔虫后临床症状不典型，须结合粪便检查和尸体剖检。粪便检查可用饱和盐水漂浮法检查虫卵，若发现大量虫卵或剖检时发现虫体则可确诊。

【治疗】可选用下列药物对鸡病进行治疗。

（1）左旋咪唑。按每千克体重 20~25mg，混入饲料或饮水中给药或一次性口服。

（2）驱蛔灵。配成 1% 的水溶液让鸡自由饮用，或以每千克体重 250mg 一次性口服。

（3）丙硫苯咪唑。按每千克体重 10~20mg，一次性口服或混入饲料给药。

（4）潮霉素 B。按 0.000 88%～0.001 32% 混入饲料中进行饲喂。

（5）噻咪啶。按每千克体重 15mg，可直接口服或混入饲料中让鸡采食。

驱虫最好在晚上进行，以便在第二天早上检查驱虫效果和及时清除粪便。

【预防】加强饲养管理，提高鸡体的免疫力，同时要改善环境卫生，经常清除鸡粪并集中堆积发酵。雏鸡与成年鸡应分群饲养，不共用运动场。对鸡群每年定期进行驱虫，以免散布病原。在鸡蛔虫流行的地区，每年应进行 2～3 次定期的驱虫。雏鸡应在 2 月龄左右时进行第一次驱虫，以后每隔一个月进行一次驱虫，直到转入成年鸡舍为止。成年鸡可在每年的春秋两季驱虫 2～3 次。

六、鸡毛细线虫病

鸡毛细线虫病是由毛首科毛细线虫属的多种线虫寄生于鸡的消化道引起的一种寄生虫病。严重感染时可引起死亡。我国各地均有分布。

【病原】成虫虫体细长，呈毛发状。不同种类的毛细线虫的寄生部位不同。有轮毛细线虫寄生于鸡的嗉囊和食道；鸽毛细线虫寄生于鸡的小肠；膨尾毛细线虫寄生于鸡小肠。这些毛细线虫形态相似，小者长 7～8mm，中等者长 20～25mm，最长的可达到 60mm，雄虫略小于雌虫。虫卵两端有卵塞，壳厚，微棕色呈腰鼓状。

【生活史】鸽毛细线虫发育是直接进行的，即卵排出体外，在卵壳内发育为第一期幼虫，幼虫被鸡啄食后，进入十二指肠黏膜内，发育为成虫后进入肠腔。有轮毛细线虫、膨尾毛细线虫需以蚯蚓为中间宿主。虫卵排出体外发育为含第一期幼虫的卵后，被蚯蚓

吞食，发育为第二期幼虫，鸡吞食了这种蚯蚓后而遭受感染，第二期幼虫钻入鸡小肠黏膜中发育为成虫，然后返回消化道。

【症状及病变】 病鸡表现食欲不振，精神萎靡，消瘦并有肠炎或常作吞咽动作，严重时雏鸡、成年鸡均可引起死亡。轻度感染时，鸡的嗉囊和食道管壁仅有轻度的炎症和增厚；严重感染时，鸡的嗉囊和食道的炎症和增厚更为明显，甚至嗉囊壁出血，并有黏浓性分泌物和黏膜脱落、坏死等病变。

【诊断】 由于本病的虫卵特征性不强，所以诊断时需将临床症状、剖检发现虫体、相应部位的病变以及粪检虫卵结合，才能作出确切的诊断。

【治疗】 对鸡毛细线虫病可选用以下药物进行驱虫。

（1）左旋咪唑，按 25mg/kg 体重，混入饲料进行饲喂。

（2）硫化二苯胺，按小鸡 0.3~0.5mg/kg 体重，成年鸡 0.5~1.0mg/kg 体重，混入饲料中饲喂，连喂 2 天。

（3）噻嘧啶，按 60mg/kg 体重，一次口服给药。

【预防】 加强卫生管理，保持鸡舍的清洁卫生，及时清除粪便，并进行发酵以杀灭虫卵。在本病流行的地区要进行预防性驱虫。

七、鸡比翼线虫病

本病是由比翼科、比翼属的线虫寄生于鸡的气管内引起的。因其能引起病鸡张口呼吸的症状故又称开口病。主要侵害雏鸡，成年鸡很少发病和死亡，呈地方性流行，常因呼吸困难导致病鸡窒息死亡，对养禽业的危害较大。

【病原】 比翼线虫种类甚多，国内仅发现气管比翼线虫。活虫体呈红色，故有红虫之称。头端大，呈半球形，口囊宽阔呈杯状，雌虫远大于雄虫；雄虫以交合伞附着于雌虫位于体前部的阴门处，永成交配状态，从外形看成丫字形，所以又叫杈子虫。虫卵两端有卵塞。

【生活史】 比翼线虫属直接发育型。雌虫在鸡的气管中产卵，虫卵随气管黏液进入口腔，或咳出；或咽入消化道随粪便排出体外，在适宜的条件下，发育为第三期幼虫，含幼虫的卵在土壤中可存活 8~9 个月。

可通过 3 条途径感染鸡：一是感染性虫卵直接被鸡吞食；二是孵出的幼虫被鸡啄食；三是感染性虫卵被贮藏宿主吞食（在其体内不发育），贮藏宿主包括蚯蚓、蛞蝓等，鸡吞食了受感染的贮藏宿主而感染。幼虫钻入肠壁，随血流移行至心脏、肺肺，最后在气管发育为成虫。虫卵在蚯蚓体内可存活 4 年多，在蛞蝓和蜗牛体内可存活 1 年以上，而野鸟则是隐性感染的带虫者。从感染幼虫发育为成虫，大约需要 2 周时间。

【症状及病变】 病鸡伸颈，张口呼吸，左右甩头，甩出的分泌物中带有虫体。初期食欲减少，继而废绝，精神萎靡，衰弱，消瘦，最后呼吸困难、窒息而死。幼鸡感染后死亡率几乎达 100%。成年鸡对比翼线虫的抵抗力强，症状一般不明显。剖检可见气管炎症、肺炎、肺溢血，严重时可见有大叶性肺炎。

【诊断】 根据临床特异性症状，结合粪检可以做出诊断。剖检病死鸡，若发现在气管黏膜上附着有虫体即可确诊。

【治疗】

（1）碘溶液。将碘片 1.0g、碘化钾 1.5g、蒸馏水 1500mL 配成溶液，雏鸡每只 1.0~1.5mL，进行气管注射或用细胶管灌服。

（2）噻苯唑。按每千克体重 0.3~1.5g，一次性口服，或按 0.05%~0.1% 的比例拌料喂服，连用 10~14 天。

（3）甲苯咪唑。按 0.0125% 的比例混入饲料中喂服，连用 3 天。

【预防】搞好环境卫生，粪便应及时清除，并堆积发酵，以杀灭比翼线虫卵及其幼虫。鸡舍应保持干燥，饲具、栖架、窝笼应经常消毒。在流行地区，每年应进行预防性驱虫，严格控制鸡啄食蚯蚓、蛞蝓和蜗牛。雏鸡和成年鸡需分群饲养。

八、鸡异刺线虫病

本病是由异刺科异刺属线虫寄生于鸡的盲肠内引起的，故又称鸡盲肠虫病，是我国最常见的鸡线虫病。

【病原】虫体细线状，淡黄色，雄虫长 7~13mm，有 2 根 2mm左右的交合刺；雌虫长 10~15mm，尾细长。虫卵为灰褐色椭圆形，卵壳厚而光滑，内含单个胚细胞，对外界环境的抵抗力强，在土壤中能生存 8 个月之久。该虫除能使鸡致病外，其虫卵还是组织滴虫的传播者。

【生活史】异刺线虫雌虫所产的卵，随粪便排出体外，在适宜的温度（18~26℃）和湿度的条件下，发育为含有幼虫的感染性虫卵，被鸡吞食后在小肠孵出幼虫，移行到盲肠后，钻入盲肠壁内发育一个时期，重返肠腔，发育为成虫。此外，鸡还可通过吃进含有异刺线虫卵的蚯蚓而遭受感染。

【症状及病变】患鸡下痢，食欲不振，消瘦，贫血，雏鸡发育受阻，严重时可造成死亡。成年鸡产蛋量下降或停产。剖检时可见其盲肠肿大，肠壁发炎和增厚，黏膜出血、溃疡，在盲肠中部可发现虫体。

【诊断】本病的确诊需要粪检虫卵或剖检查到大量虫体。需注意与蛔虫卵的区别，异刺线虫卵和蛔虫卵很相似，仅比鸡蛔虫卵略小些。

【治疗】可选用以下药物进行治疗。

（1）丙硫咪唑。按每千克体重 30～35mg，一次性饲喂或混入饲料中让鸡自食。

（2）左旋咪唑。按每千克体重 25～35mg，自由饮水，隔 2～3 周再用 1 次。

（3）硫化二苯胺（吩噻嗪）。成年鸡按每千克体重 0.5～1.0mg，雏鸡按每千克体重 0.3～0.5mg，一次性饲喂。

（4）噻咪啶。按每千克体重 15mg，直接投服或混入饲料中让鸡自食。

【预防】平时每日清扫鸡舍，粪便堆积发酵，防止鸡吞食感染性虫卵。同时注意清除鸡舍内的蚯蚓；雏鸡与成年鸡分群饲养，对鸡群每年定期驱虫，由于本病无明显的季节性，所以预防性驱虫可以结合鸡蛔虫病的时间进行。

九、鸡羽虱病

本病是由各种鸡羽虱寄生于鸡的体表引起的。羽虱是鸡最普通的一种永久性外寄生虫，全部生活史都在鸡身上进行，一般不吸血，只食羽毛或皮屑。离开了家禽体表，不久就会死亡。引起患鸡奇痒，危害极大，特别是对雏鸡。

【病原】寄生于鸡体上的羽虱种类较多。常见的有鸡羽虱、鸡体虱、鸡头虱、鸡圆羽虱、大圆羽虱、鸡翅虱等。不同种类的羽虱虽然大小和外观形态有差异，但身体的大体结构均相同。羽虱是无翅的昆虫，体分头、胸、腹 3 部分。咀嚼式口器。胸部分前、中、后 3 节，每节腹面两侧各有 1 对腿，多数羽虱中胸与后胸有不同程度的融合，表现为 2 节组成。

【生活史】鸡羽虱属不完全变态，缺蛹的阶段，整个生活史都在鸡身上进行，由卵经若虫发育为成虫。成熟雄虫于交配后死亡，

雌虫在产完卵后2~3周死亡。

【症状】　本病在秋冬季节多发，密集饲养时易发。病鸡奇痒不安，常啄断自体羽毛与皮肉，食欲下降，渐进性消瘦，羽毛脱落，蛋鸡影响产蛋。鸡头虱对雏鸡的危害相当严重，可造成雏鸡生长发育停滞，体质日衰，甚至造成死亡。

【诊断】　易于诊断，找到虱子或卵即可确诊。

【防制】　主要采用药物防治，常用药物有以下3种。

（1）阿维菌素。按每千克体重0.3mg有效成分拌食饲喂。

（2）阿维菌素粉剂。10g拌入20~30kg沙中，任鸡自行沙浴。

（3）10%二氯苯醚菊酯。加5 000倍水用喷雾器对鸡逆毛喷雾，全身都必须喷到，然后遍喷鸡舍。

在治疗的同时应采用上述药物消毒鸡舍、产蛋箱及用具。

十、鸡球虫病

鸡球虫病又称艾美耳球虫病，是由寄生于肠道的艾美耳球虫所引起的一种常见疾病，对雏鸡的危害十分严重。世界各地普遍发生，15~50日龄的雏鸡发病率最高，死亡率可高达80%以上，耐过的雏鸡，生长发育受阻，长期不能康复。成年鸡多为带虫者，增重和产蛋均受到一定的影响。

【病原】　已报道寄生于鸡的艾美尔球虫有15种，为世界所公认的有7种。我国至少存在7种艾美耳球虫。其中以寄生在雏鸡盲肠的柔嫩艾美耳球虫和寄生在成年鸡小肠内的毒害艾美耳球虫的致病力最强。

【生活史】　艾美球耳虫的生活史属直接发育型，不需要中间宿主，发育需经过三个阶段：即无性繁殖、有性繁殖（均在体内进行）、孢子生殖（在体外进行）。不同种球虫的发育过程稍有差异。

其典型的发育史是当鸡吞食了散布在土壤、地面、饲料和饮水等外界环境中的感染性孢子化卵囊后，卵囊在肌胃的机械作用和酶作用下破裂释放出孢子囊，孢子囊进入小肠，在胆汁和胰蛋白酶的作用下孢子囊内的子孢子被激活释放出子孢子，侵入上皮细胞发育为裂殖体。裂殖体内含数目众多的裂殖子，裂殖体破裂释放出裂殖子，裂殖子又侵入新的肠上皮细胞，形成第二代裂殖体，并以同样的方式进行繁殖，这种无性繁殖进行若干代之后，某些裂殖子转化为有性的大配子母细胞和小配子母细胞。大配子母细胞进一步发育成大配子，小配子母细胞以出芽方式形成若干小配子，小配子离开上皮细胞与大配子结合形成合子。合子周围迅速形成一层厚壁，即变成卵囊。宿主细胞破裂后，卵囊落入消化道随粪便排出体外，在适宜的温度和湿度下，卵囊里的合子分裂为孢子囊，孢子囊内含子孢子。此时的卵囊具有感染力，称孢子化卵囊，被鸡吞食后，重新开始其在宿主体内的裂殖生殖和配子生殖。

鸡是艾美耳球虫的唯一天然宿主。所有日龄和品种的鸡对其都有易感性。一般暴发于3~6周龄的雏鸡，发病率和死亡率均很高；2周龄以内的幼雏很少发生，成年鸡多为带虫者，康复鸡是本病重要的传播源。

在我国北方4—9月为流行季节，其中7—8月最严重，在全年孵化的养鸡场和笼养的现代化养鸡场中一年四季均有发病。

【症状及病变】 病鸡精神萎靡，喜欢拥挤在一起，翅膀下垂，羽毛松乱，头颈蜷缩，闭眼呆立。常下痢，排出混有血液甚至全血的稀粪。食欲不振，消瘦，但嗉囊常见积食。鸡冠、肉髯苍白，贫血，后期食欲废绝，两翅下垂，运动失调，倒地痉挛死亡。多数病鸡于发病后6~10天内死亡，雏鸡的死亡率达50%以上，少数康复，但生长、产蛋率受到严重影响。3月龄以上的中雏及成年鸡感染后多为慢性型。在鸡群中只有少数病鸡有症状表现，其食欲不振，间歇性下痢，有时粪便中混有血液。逐渐消瘦，贫血，中雏发

育迟缓，成年鸡产蛋率下降，病程长达 1~2 个月。

雏鸡的主要病变集中在消化道，不同种类的球虫所造成的病变部位也不一样。盲肠球虫病表现为盲肠比正常大几倍，呈棕色或暗红色，质地坚硬。肠壁增厚、潮红，内容物主要是血液与血凝块，或是含有一种黄白色干酪样的、混有血液的坏死物质。小肠球虫表现肠壁肿大、增厚，黏膜上有白色粟粒大结节，肠黏膜潮红、肿胀，覆盖一层浓稠的黏性渗出物，有时可见出血斑。

【诊断】成年鸡和雏鸡的带虫现象极为普遍，不能只根据从粪便和肠壁刮取物中发现卵囊就确定为球虫病。正确的诊断须根据粪便检查、临床症状、流行病学调查和病理变化等多方面的因素加以综合判断。对球虫种类的鉴定，目前常用的有 5 种方法，即卵囊形态观察、肠道病变检查、酶电泳法及潜伏期的测定等 5 种，其中每种球虫至少需要两种方法定种。

【治疗】对于鸡球虫病治疗的主要目的是缓解症状，抑制球虫的发育，应在出现症状的初期进行治疗。鸡球虫容易产生耐药性，应有计划地交替使用抗球虫药或联合数种抗球虫药一起使用，以防耐药性的产生。

（1）磺胺二甲氧嘧啶。按 0.05% 混入饮水中或按 0.02% 混入饲料中，连用 6 天后停药，休药期为 5 天。

（2）氨丙啉。按 0.012%~0.025% 混入饮水中，连用 3 天，无休药期。氨丙啉多与乙氧酰氨苯甲酯和（或）磺胺喹噁啉制成复合制剂以扩大抗球虫谱，增强抗球虫效果，但产蛋鸡禁用。

（3）球痢灵。混入饲料的浓度为 0.004%~0.0125%，使用高剂量饲喂后，其休药期为 5 天。

（4）磺胺氯吡嗪。按 0.03% 混入饮水中，连用 3 天，能有效地控制暴发性球虫病，无休药期。

（5）磺胺喹噁啉。按 0.1% 混入饲料中给药 2~3 天；停药 3 天后，按 0.05% 混入饲料中给药 2 天，无休药期。

（6）山杜霉素。按 25g/t 混入饮水给药，无休药期。

（7）盐霉素。按 0.004%～0.007% 混入饲料中饲喂，无休药期。

（8）常山酮。为广谱、高效、低毒抗球虫药，已在世界各国广泛使用。饲料中常以 0.000 3% 量添加来预防球虫病，停药期 5 天。

（9）氟腺呤（阿波杀）。对各种鸡球虫均有效。且与其他抗球虫药无交叉耐药性。肉鸡和产蛋鸡饲料中添加剂量为 0.005%～0.006%，停药期 6 天。

【预防】对于鸡球虫病应采取一般预防和药物预防相结合的防治措施。另外还可给鸡接种球虫疫苗进行预防。

（1）一般预防。每天清扫粪便并集中发酵处理；成年鸡和雏鸡需分群、分舍饲养；在温暖多雨季节，注意保持鸡舍干燥、通风和适宜的雏鸡饲养密度。

（2）药物预防。抗球虫药物种类较多，应根据具体情况选择使用，同时进行有计划地更换用药。由于抗球虫药多混在饲料中喂饲，用药时必须按照规定剂量与饲料均匀混合，以防因拌和不均而引起药物中毒。所以用抗球虫的药物有以下 5 种预防。

① 氨丙啉，按 0.0125%～0.024% 比例混入饲料中，从小鸡出壳第 1 天起就开始饲喂直至屠宰，或连用 7 天后用量减半，继续饲喂 14 天。

② 莫能霉素，在饲料中添加 0.05%～0.12%，长期饲喂。

③ 常山酮，按 0.003%～0.009% 混入饲料中，长期饲喂。

④ 敌菌净磺胺合剂（敌菌净与磺胺二甲基嘧啶以 1∶5 混合），按 0.002% 混入饲料中，长期饲喂。

⑤ 拉沙菌素，按 0.075%～0.0125% 混入饲料给药，休药期为 3 天。

十一、鸡组织滴虫病

本病是由火鸡组织滴虫引起的，以盲肠溃疡和肝脏表面坏死为特征的鸡和火鸡的一种原虫病，又称鸡盲肠肝炎或黑头病。多发于火鸡雏和雏鸡，成年鸡也能感染但病情较轻，其他禽类有时也可感染。

【病原】 火鸡组织滴虫寄生于鸡的肝脏和盲肠内，形态多样，大小不一。非阿米巴阶段的火鸡组织滴虫近似球形，直径为 3 ~ 16μm。单个或成堆存在于肠壁和肝脏组织中，虫体没有鞭毛。阿米巴阶段的虫体呈高度多样性，常伸出一个或数个伪足，有一根粗壮的鞭毛；细胞核为球形或卵圆形。

【生活史】 火鸡组织滴虫对外界环境的抵抗力不强，在外界环境中迅速死亡。但它通常在异刺线虫的卵巢中繁殖，并进入卵内，随异刺线虫的卵排到体外，在外界环境中能长期存活，成为重要的感染源。蚯蚓吞食异刺线虫的虫卵后，组织滴虫随同虫卵进入蚯蚓体内，并开始孵化，孵化出的幼虫在蚯蚓体内生存至侵袭阶段，当鸡啄食了这种蚯蚓即可引起感染。

【症状及病变】 鸡组织滴虫病多发生于夏季，4~6周龄的雏鸡最易感，死亡率也最高，成年鸡多为带虫者。

病鸡精神萎靡，闭目呆立，怕冷，拥挤成堆；食欲减退或消失，羽毛松乱，两翅下垂，排出淡黄色或淡绿色稀粪，严重者带血；头部皮肤和鸡冠常呈蓝紫色或黑色，故称为黑头病。病程一般1~3周。病愈康复鸡体内仍有组织滴虫，带虫可长达数周或数月。成年鸡很少出现症状。

剖检时一侧或两侧盲肠异常膨大，肠壁肥厚，盲肠内充满浆液性和出血性渗出物，渗出物常发生干酪样化，形成干酪样的盲肠肠心。有的盲肠黏膜坏死、增厚，形成溃疡，甚至肠壁穿孔，引起腹膜炎。肝脏肿大，表面形成圆形或不规则形病灶，中央稍下陷，呈黄色或淡绿色，边缘略隆起，大小不一。

【诊断】在一般情况下，根据组织滴虫病的特异性肉眼病变特点和症状便可诊断。若要确诊须观察到虫体，通常是采集新剖检病鸡的盲肠内容物，用 40℃ 左右的生理盐水稀释均匀，做成悬滴标本镜检，可看到能活动的火鸡组织滴虫。

【治疗】对鸡组织滴虫病可选用以下药物进行治疗。

（1）呋喃唑酮（痢特灵）。按 0.022%~0.03% 混入饲料中饲喂或 0.02% 混饮，休药期为 5 天。

（2）二甲基硝咪唑。按 0.06%~0.08% 混入饲料中饲喂，每 5 天为一个疗程，正在产蛋的鸡群不能饲喂，休药期为 5 天。

（3）甲硝唑（灭滴灵）。按 0.02% 混入饲料饲喂，每天 3 次，连喂 5 天。

（4）硝苯胂酸。按 0.019% 混入饲料中饲喂，休药期为 5 天。

【预防】加强消毒和饲养管理，鸡舍内保持干燥、清洁、通风、良好的光照，尽可能离地饲养。定期驱除鸡异刺线虫，对已发病的鸡舍可用 3% 的氢氧化钠溶液消毒，并立即进行隔离，淘汰或宰杀重病鸡。

十二、鸡住白细胞虫病

鸡住白细胞虫病又称鸡出血性病、鸡白冠病，是由住白细胞虫侵害鸡血液和内脏器官的组织细胞而引起的一种血孢子虫病。在我国南方比较流行，呈地方性流行。成年鸡发病率低，症状较轻或不明显，为带虫者；1~3 月龄的雏鸡发病率高，症状明显，常造成大批死亡。

【病原】 对鸡危害较大的住白细胞虫目前有 3 种：其中危害最大的为卡氏住白细胞虫，其次为沙氏住白细胞虫和安氏住白细胞虫。我国已发现有卡氏住白细胞虫和沙氏住白细胞虫两种，前者较多见。

（1）卡氏住白细胞虫。在鸡体内的配子生殖阶段可分为 5 个时期，只有第 5 期的虫体容易在末稍血液涂片中观察到。成熟大配子体近似圆形，细胞质呈深蓝色；小配子体呈不规则的圆形，细胞质呈浅蓝色。细胞呈圆形。

（2）沙氏住白细胞虫。成熟配子体呈长形，宿主细胞呈纺锤形。大配子体呈深蓝色，核仁明显；小配子体呈淡蓝色，核仁不明显。

【生活史】 住白细胞原虫的生活史可分为裂体增殖、配子生殖和孢子生殖 3 个阶段，其中裂体增殖在宿主的组织细胞中完成；孢子生殖在昆虫体内完成；配子生殖在宿主的红细胞和白细胞中完成。卡氏住白细胞虫的发育在库蠓体内完成，沙氏住白细胞虫的发育则在蚋体内完成。

（1）裂体增殖阶段。当带有成熟子孢子卵囊的库蠓或蚋叮咬、吸吮鸡血液时，卵囊随唾液进入鸡体内，先后在血管内皮细胞、各个脏器和脑及肌肉组织中进行裂殖增殖形成裂殖子，并在肝细胞和吞噬细胞内重复进行。

（2）配子生殖阶段。最后裂殖子进入红、白细胞内，开始配子生殖。数个裂殖子进入一个白细胞，进一步发育为大、小配子体。宿主细胞被破坏后，配子游离于血液中。

（3）孢子生殖阶段。当库蠓或蚋等吸血昆虫吸吮鸡血液时，大、小配子进入昆虫胃内，并迅速长大，结合成合子，进而形成卵囊。卵囊成熟后又可随昆虫吸血进入鸡体，重新感染鸡。

【症状与病变】 轻症患鸡消瘦，贫血，羽毛蓬乱，鸡冠和肉髯苍白，呼吸困难，两肢轻瘫，伏地不动。病程一般 1~3 天，重者死亡，耐过的转为带虫状态。1月龄雏鸡发病严重，死亡率高。常突然发病，一些因出血、咯血、呼吸困难而死亡，有的呈现运动失调，两腿轻瘫，呼吸困难而死，死前口流鲜血是本病最具特征性的症状。大鸡和中鸡病情较轻，患鸡消瘦、贫血、羽毛蓬乱，排水样或绿色粪便，死亡率较低。

尸体消瘦，肌肉苍白，血液稀薄。口腔内积有血凝块，全身广泛性出血，尤其胸肌、腿肌和心肌有大小不等的出血点和出血斑。内脏器官出血，以肺、肾和肝最重。肌肉、肝和脾有粟粒状灰白色结节，压片染色后可见大量的白细胞原虫的裂殖子。

【诊断】本病发生于夏季。依据症状和典型病变可做出初步诊断。确诊时采取病变部位的小结节做触片；或从翅下静脉采取1滴血液做涂片，姬姆萨或瑞特氏染色，在显微镜下发现虫体即可确诊。

【防制】使用药物治疗时应及时用药，且越早越好。

（1）磺胺二甲基嘧啶。治疗时先按 0.5% 比例混入饲料饲喂 2~3 天，再按 0.3% 混入饲料饲喂 2~3 天；预防时按 0.2% 混入饲料饲喂 3 天，或 0.1%~0.2% 自由饮水 3 天。

（2）呋喃唑酮（痢特灵）。治疗时按 0.08% 中混入饲料饲喂 5~7 天；预防时按 0.04% 比例混入饲料中饲喂 5~7 天。

（3）在流行季节防止蠓和蚋进入鸡舍。在鸡舍内外可用 5% 敌敌畏或蝇毒磷乳剂喷洒，以减少昆虫的侵袭。

营养代谢性疾病

生物体为了维持正常生命活动及保证生长和生殖所需的外源物质称为营养要素，由水、矿物质、碳水化合物（糖）、脂肪、蛋白质和维生素等六类所组成。其中水、无机盐为无机物，脂肪、蛋白质及维生素则为有机物。营养缺乏或失调会引起鸡多种疾病。引起营养缺乏或失调的原因很多，诸如某种营养成分含量过低，不能满足需要；饲料中含有拮抗物质，使某些营养成分受到破坏或使其吸收和利用受到阻碍；环境、遗传因素间的相互作用，使机体代谢机能紊乱等。营养缺乏或失调引起的营养代谢失常不但直接影响鸡的生长发育和产蛋性能，而且会使鸡代谢紊乱产生疾病，这些病统称为营养代谢性疾病。经常发生的营养代谢性疾病主要有维生素缺乏症和无机盐缺乏症。

维生素是一类动物代谢所必需而需要量极少的低分子有机化合物，体内一般不能合成，必须由日粮提供，或者提供其先体物。反刍动物瘤胃的微生物能合成机体所需的 B 族维生素和维生素 K。

维生素不是形成机体各种组织器官的原料，也不是能源物质。它们主要以辅酶和催化剂的形式广泛参与体内代谢的多种化学反应，从而保证机体组织器官的细胞结构和功能正常，以维持动物的健康和各种生产活动。维生素的需要受其来源、日粮（日料）结构与成分、饲料加工方式、贮藏时间、饲养方式（如集约化饲养）等多种因素的影响。维生素是维持家禽正常生长、繁育、产蛋和健康所必需的微量物质，维生素缺乏可引起机体代谢紊乱，产生一系列缺乏症，影响动物健康和生产性能，严重时可导致动物死亡。目前已确定的维生素有 14 种，按其溶解性可分为脂溶性维生素和水溶性维生素两大类。

　　本章主要介绍动物缺乏维生素的表现及典型症状；影响维生素需要的因素以及动物对各种维生素的需要及其影响因素。

一、脂溶性维生素缺乏症

　　脂溶性维生素包括维生素 A、维生素 D、维生素 E 和维生素 K。它们只含有碳、氢、氧 3 种元素，可从食物及饲料的脂溶物中提取。在消化道内随脂肪一同被吸收，吸收的机制与脂肪相同，凡有利于脂肪吸收的条件，均有利于脂溶性维生素的吸收。脂溶性维生素以被动的扩散方式穿过肌肉细胞膜的脂相，主要经胆囊从粪便中排出。摄入过量的脂溶性维生素可引起中毒，致代谢和生长产生障碍。脂溶性维生素的缺乏症一般与其功能相联系。除维生素 K 可由动物消化道微生物合成所需的量外，其他脂溶性维生素都必须由日粮提供。

（一）　维生素 A 缺乏症

　　维生素 A 缺乏症是由于动物缺乏维生素 A 或类胡萝卜素（维生素 A 原）引起的以分泌上皮角质化和角膜、结膜、气管、食管黏膜角质化、夜盲症、干眼病、生长停滞等为特征的营养缺乏疾病。

　　【病因】

　　（1）供给不足或需要量增加。鸡体不能合成维生素 A，必须从饲料中采食维生素 A 或类胡萝卜素。不同生理阶段的鸡，对维生素 A 的需要量不同，应分别供给质量较好的成品料，否则就会

引起严重的缺乏症。

（2）维生素 A 易失活。在饲料加工工艺条件不当时损失很大。饲料存放时间过长、饲料发霉、烈日暴晒等皆可造成维生素 A 和类胡萝卜素损坏；脂肪酸败变质也能加速其氧化分解过程。

（3）饲料中蛋白质和脂肪不足。蛋白质不足可导致机体不能合成足够的视黄醛结合蛋白质去运送维生素 A，脂肪不足会影响维生素 A 类物质在肠中的溶解和吸收。

（4）胃肠道吸收障碍。发生腹泻，或肝、胆疾病会影响饲料维生素 A 的吸收、利用及储藏。

（5）寄生虫的影响。一些寄生虫病也不利于维生素 A 的吸收。

【症状】

（1）雏鸡和初开产的鸡常易发生维生素 A 缺乏症。雏鸡一般发生在 1~7 周龄，若 1 周龄的鸡发病，则与母鸡缺乏维生素 A 有关。病程较长，超过 1 周仍存活的鸡，其症状特点为厌食、生长停滞、消瘦、倦睡、衰弱、羽毛松乱、运动失调、瘫痪不能站立；黄色鸡种胫喙色素消褪，冠和肉垂苍白；流泪、流鼻液，初为浆液性，逐渐变为乳样，致使眼睑发炎或黏连，鼻孔和眼睛流出黏性分泌物，眼睑肿胀，眼角、嘴角蓄积有乳白色干酪样渗出物，角膜混浊不透明，严重者角膜软化或穿孔失明；口腔、食道乃至嗉囊黏膜有白色小结节或覆盖一层白色的豆腐渣的薄膜，即伪膜，可完整剥离；食道黏膜上皮增生和角质化。剖检可见幼鸡的肾脏常苍白、肿大，严重病例的输尿管，甚至肝、脾、心包和心脏也有尿酸盐沉积。

（2）成年鸡通常在 2~5 个月出现维生素 A 缺乏症，一般呈慢性经过。轻度缺乏维生素 A，鸡的生长、产蛋、种蛋孵化率及抗病力受到一定影响，往往不易被察觉，使养鸡生产在不知不觉中受到损失。患鸡食欲不振、消瘦、精神沉郁、鼻孔和眼睛常有水样液体排出，眼睑常常黏合在一起，严重时可见眼内乳白干酪样物质

（眼屎），角膜发生软化和穿孔最后失明。鼻孔流出大量黏稠鼻液，病鸡呈现呼吸困难。鸡群呼吸道和消化道黏膜抵抗力降低，易诱发传染病。继发或并发家禽痛风或骨骼发育障碍所致的运动无力、两腿瘫痪，偶有神经症状，运动缺乏灵活性。鸡冠色白有皱褶，爪、喙色淡。母鸡产蛋量和孵化率降低，公鸡繁殖力下降，精液品质退化，受精率低。剖检可见口腔、咽、食管黏膜上皮角质化脱落，黏膜有小脓疱样病变，破溃后形成小的溃疡。支气管黏膜可能覆盖一层很薄的伪膜。结膜囊或鼻窦肿胀，内有黏性的或干酪样渗出物。严重时肾脏呈灰白色，有尿酸盐沉积。小脑肿胀，脑膜水肿，有微小出血点。

【诊断】 诊断要点是该病与鸡痘的区别。

（1）在发生白喉型鸡痘的鸡群中可见到皮肤型鸡痘的病例，维生素 A 缺乏症病鸡没有这种皮肤上的病变。

（2）白喉型鸡痘黏膜上的斑块常与其下的组织紧密相连，强行剥下后露出粗糙的溃疡区，维生素 A 缺乏症病鸡黏膜上的干酪样物质易于剥离，其下黏膜无损害。

【防制】

（1）在采食不到青绿饲料的情况下必须保证添加有足够的维生素 A 预混剂，按 NRC（1994）推荐的维生素 A 最低需要量，雏鸡与育成鸡饲料维生素 A 的含量应为 1 500 IU/kg，产蛋鸡、种鸡为 4 000 IU/kg。

（2）全价饲料中添加合成抗氧化剂，防止维生素 A 贮存期间氧化损失。防止饲料贮存过久，不要预先将脂溶性维生素 A 掺入到饲料或存放于油脂中。避免将已配好的饲料和原料长期贮存。

（3）改善饲料加工调制条件，尽可能缩短必要的加热调制时间。

（4）已经发病的鸡可用治疗剂量的饲料治愈，添加水溶性科星维它、鱼肝油、超浓缩 AD3 精等，治疗剂量可按正常量的 3~4

倍混入饲料中饲喂，连喂 2 周后再恢复正常量。或每千克饲料中加 5 000 IU 的维生素 A，疗程 1 个月。

（二）维生素 D 缺乏症

维生素 D 缺乏症是鸡的钙、磷吸收和代谢障碍，骨骼、蛋壳形成等受阻，以雏鸡佝偻病和缺钙症状为特征的营养缺乏性疾病。

【病因】 维生素 D 缺乏症的发生主要原因有：饲料中维生素 D 缺乏；日光照射不足，因为维生素 D 合成需要紫外线；消化吸收障碍；患有肝、肾疾病或寄生虫病。

【症状】

（1）主要表现为骨骼损害。雏鸡呈现以骨骼极度软弱为特征的佝偻病，1 月龄左右雏鸡容易发生，发生时间与雏鸡饲料及种蛋情况密切相关。喙和爪变柔软并容易弯曲，行走极其费力，躯体向两边摇摆，不稳定地移行几步后即以跗关节着地，骨骼柔软或肿大，肋骨和肋软骨的结合处可摸到圆形结节（念珠状肿）；胸骨侧弯，胸骨正中内陷，使胸腔变小；脊椎在荐部和尾部向下弯曲；长骨质脆易骨折。

（2）缺乏症状。产蛋母鸡多在缺乏维生素 D 2~3 个月后开始表现缺钙症状。产薄壳蛋和软壳蛋的数量显著增多，产蛋量下降；种蛋孵化率降低，胚胎多在 10~16 日龄死亡。严重病例出现"企鹅型"蹲着的特殊姿势。龙骨变型，胸骨与脊椎骨接合部向内凹陷，产生肋骨沿胸廓呈内向弧形的特征。剖检可见背肋与胸肋连接处向内弯曲，肋骨的椎端膨大，或呈串珠状，荐椎和尾椎区向下弯曲，胸骨侧弯。长骨质脆易骨折。

【诊断】 将发病鸡放在阳光下晒 1~2 天，如明显好转甚至康复可确诊为本病所致，如症状不减轻或无变化则为其他疾病所致。

【治疗】 给发病鸡补充维生素 D，首选药物为水溶性鱼肝油，超浓缩 AD₃精，次选水溶性科星维它。饲料中使用超浓缩 AD₃精或

维生素 D_3 粉，剂量为 1 500 IU/kg。饮水中使用水溶性科星维它等速溶多维。雏鸡缺乏维生素 D 时，每只可喂服 2~3 滴鱼肝油，每天 3 次。患佝偻病的雏鸡，每只每次喂给 10 000~20 000IU 的维生素 D_3 油或胶囊疗效较好。多晒太阳，保证足够的日照时间对治疗有明显帮助。饲料中添加科星维它一般不会发生此病。

【防制】保证饲料中含有足够量的维生素 D_3，每千克饲料中，雏鸡、育成鸡需 200U，产蛋鸡、种鸡需 500U，生产时还应加上 10%~30% 的保险系数。为防止饲料中维生素 D_3 氧化应添加合成抗氧化剂。防止饲料发霉破坏维生素 D_3 可添加防霉剂。饲料维生素 A 添加量太多会影响维生素 D 的吸收，一般应保持维生素 A 与维生素 D 的比例为 5 : 1。调节饲料中钙、磷含量的比例，钙、磷缺乏或比例失调会增加维生素 D 的需要量，一般钙、磷比例应保持在 2 : 1 左右。增加日光照射时间，散养家禽（鸡、鸭等）因日光充足而不易发生维生素 D 缺乏症。

（三）维生素 E 缺乏症

维生素 E 缺乏症是以脑软化症、渗出性素质、白肌病和成禽繁殖障碍为特征的营养缺乏性疾病。

【病因】饲料中缺乏维生素 E 多为饲料保存、加工不当造成维生素 E 被破坏所致，籽实饲料一般条件下保存 6 个月维生素 E 损失 30%~50%；另外维生素 A、B 族维生素及硒的缺乏也会导致该病。

【症状】

（1）成年鸡繁殖障碍。主要表现为产蛋率和种蛋孵化率降低，公鸡精子形成不全，繁殖力下降，受精率低。

（2）雏鸡脑软化症。多发生于 3~6 周龄雏鸡，剖检可见小脑软化、肿胀，脑回展平，表面有出血点和坏死灶，坏死灶呈灰白色斑点，脑内可见黄绿色混浊的坏死区（图 8、图 9）。临床上表现为出壳弱雏增多，站立不稳，脐带愈合不良及曲颈、头插向两腿之

间等神经症状，发病雏鸡头向下方弯曲或一侧扭转，或突然向前冲，两腿有节律地痉挛，但翅和腿并不完全麻痹。

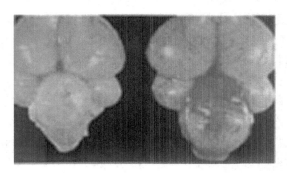

图8　维生素E-硒缺乏症，病鸡小脑肿胀，
脑膜充血、出血（图中左为对照）

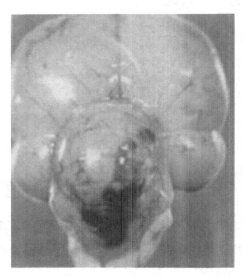

图9　维生素E-硒缺乏症，病鸡小脑肿胀，青绿色坏死

（3）维生素 E 和硒同时缺乏。这时雏鸡还会表现出渗出性素质，病鸡翅膀、颈、胸、腹等部位水肿，皮下血肿。小鸡叉腿站立。

（4）维生素 E 和含硫氨基酸同时缺乏。表现为白肌病，胸肌和腿肌色浅、苍白，有白色条纹，肌肉松弛无力，消化不良，运动失调，贫血。

【诊断】脑软化病与脑脊髓炎的区别：脑脊髓炎的发病年龄常为 2~3 周龄，比脑软化症早。脑软化症的病变特征是脑实质发生严重变性，可和脑脊髓炎相区别。

【治疗】脑软化、渗出性素质和白肌病常交织在一起，若不及时治疗可造成急性死亡，治疗方法通常如下。

（1）对发病鸡群。每千克饲料中加维生素 E 20IU，连用 2 周，可在用维生素 E 的同时用硒制剂。

（2）脑软化症。可用维生素 E 油或胶囊治疗，每只鸡每次喂 250~350IU。饮水中供给速溶多维。

（3）同时发生渗出性素质。这时可以每只肌注 0.1%亚硒酸钠生理盐水 0.05mL，或每千克饲料添加剂添加 0.05mg 亚硝酸钠。

（4）并发白肌病。这时每千克饲料再加入亚硒酸钠 0.2mg，蛋氨酸 2~3g 可收到良好疗效。

【防制】饲料中添加足量的维生素 E，每千克鸡饲料应含有维生素 E 10~15IU，饲料中添加抗氧化剂。防止饲料贮存时间过长或受到无机盐、不饱和脂肪酸所氧化及拮抗物质的破坏。饲料的硒含量应为 0.25mg/kg。植物油中含有丰富的维生素 E，在饲料中添加 0.5%的植物油，也可达到防治本病的效果。

（四）维生素 K 缺乏症

维生素 K 缺乏症是以鸡血液凝固过程发生障碍，引起全身出血性素质为特征的营养缺乏性疾病。

【病因】集约化饲养条件下，家禽较少或无法采食到青绿饲料，而且体内肠道微生物合成量不能满足需要。饲料中存在抗维生素K物质，如霉变饲料中真菌毒素、草木樨等会破坏维生素K。长期使用抗菌药物，如抗生素和磺胺类抗球虫药，使肠道中微生物受抑制，维生素K合成减少。疾病及其他因素如球虫病、腹泻、肝病、胆汁分泌障碍，消化吸收不良，环境条件恶劣等均会影响维生素K的吸收利用。

【症状】维生素K缺乏症发病潜伏期长，一般缺乏维生素K后，在3周左右出现症状，雏鸡发病较多。特征性症状为出血。出血时间长、面积大，血液不易凝固，病鸡有时因出血过多而死亡。剖检可见肌肉苍白、皮下血肿，肝有灰白或黄色坏死灶。死鸡体内有积血凝固不完全，肌胃、肺等内脏器官出血，尤其胸肌、腿肌、腹膜、胃肠道和翅膀内侧皮下更为明显，严重者脑膜、肝、脾、全身结缔组织都发生出血，骨髓也发生变化。病鸡鸡冠、肉髯、皮肤干燥苍白，肠道出血，严重的发生腹泻、贫血、怕冷，常蜷缩在一起发抖，不久死亡。种蛋孵化率降低，胚胎死亡率较高。

【治疗】对病鸡每千克饲料中添加维生素K 3~8mg，或每只鸡肌内注射0.5~3.0mg，一般治疗效果较好，同时给予钙制剂疗效会更好。应注意维生素K不能过量以免中毒。

【防制】应在饲料中添加维生素K，每千克饲料中应添加1~2mg，并配合适量青绿饲料、鱼粉、肝脏等富含维生素K及其他维生素和无机盐的饲料，有预防作用。

二、水溶性维生素缺乏症

水溶性维生素主要特点是可从食物及饲料的水溶物中提取；除含碳、氢、氧元素外，多数都含有氮，有的还含有硫或者钴；B族维生素主要作为辅酶，催化碳水化合物、脂肪和蛋白质代谢中的各种反应；多数情况下，缺乏症无特异性，而且难以与其生化功能直接相联系；食欲下降和生长受阻是共同的缺乏症状；B族维生素多数通过被动的扩散方式吸收，但在饲粮供应不足时，可以主动的方式吸收；维生素 B_{12} 的吸收较特殊，需要胃分泌的一种内因子帮助；除维生素 B_{12} 外，水溶性维生素几乎不在体内贮存，主要经尿排出（包括代谢产物）。

　　所有水溶性维生素都为代谢所必需。反刍动物瘤胃微生物能合成足够动物所需的 B 族维生素，一般不需饲粮提供，而家禽肠道短，微生物合成有限，吸收利用的可能性极小，一般需日粮供给。相对于脂溶性维生素而言，水溶性维生素一般无毒性。

（一）维生素 B_1 缺乏症

　　维生素 B_1（硫胺素）缺乏症是以碳水化合物代谢障碍和多发性神经炎为典型症状的营养缺乏性疾病。

【病因】

　　（1）饲料中硫胺素含量不足。通常发生于配方失误，饲料碱化、蒸煮等加工处理；饲料发霉或贮存时间太长等造成维生素 B_1 分解损失。

　　（2）饲料中含拮抗物质。蕨类植物、抗球虫药物、抗生素等不利于饲料中维生素 B_1 的吸收利用，如氨丙啉、硝胺、磺胺类药物。

　　（3）鱼粉品质差。制备鱼粉用的鱼、虾和软体动物内脏所含硫胺素酶也可破坏硫胺素。

【症状】典型症状为头往后仰，两眼观天，多发性神经炎。各种年龄的鸡均可发生，但以雏鸡、青年鸡发病较多，成年鸡一般在维生素 B_1 缺乏 3 周后发病，雏鸡多在出生后 2 周龄以前发病，发病突然，症状大体与成鸡相同。如维生素 B_1 缺乏，可导致神经组

织能量供应不足，从而出现神经营养障碍，导致机能失调，病鸡呈现外周神经多发性神经炎，两腿无力，步态不稳，头向背后极度弯曲，其形状呈"观星状"。维生素 B_1 缺乏还会导致鸡肠蠕动减慢，肠壁松弛，食欲减退，生长停滞，严重贫血和下痢，鸡冠发蓝，所产种蛋孵化中常有死胚或逾期不出壳。剖检无特征性病理变化，胃肠道有炎症，睾丸和卵巢明显萎缩，心脏轻度萎缩。小鸡皮肤水肿，肾上腺肥大，母鸡比公鸡更明显。

【诊断】 根据特殊的"观星"姿势可做出诊断。

【治疗】 小群饲养时可个别强饲或注射硫胺素，每只内服量为每千克体重 2.5mg 或每千克体重肌内注射 0.1~0.2mg，每天 1 次，连用 5~7 天，治疗效果极好。

【防制】 防止饲料发霉，不能饲喂变质劣质鱼粉。适当多喂各种谷物、麸皮和青绿饲料。控制嘧啶环和噻唑药物的使用，必须使用时疗程不宜过长。多喂发芽的谷物、麸皮、新鲜的青绿饲料和酵母。在鸡的饲料中供给足够的维生素 B_1，青年鸡和成年鸡每千克饲料中添加 0.8~0.9mg，雏鸡每千克饲料中添加 1.5mg，即可预防此病的发生。

（二） 维生素 B_2 缺乏症

维生素 B_2（核黄素）是动物体内十多种酶的辅基，与动物生长和组织修复有密切关系，家禽因体内合成核黄素很少，必须由饲料供应。维生素 B_2 缺乏症的典型症状为卷爪麻痹症。

【病因】 维生素 B_2 缺乏症通常由于饲料中核黄素不足，常用的禾谷类饲料中核黄素特别缺乏，又易被紫外线、碱及重金属破坏。药物的拮抗作用如氯丙嗪等能影响维生素 B_2 的利用。动物处于低温等应激状态，需要量增加，胃肠道疾病会影响核黄素转化吸收，饲喂高脂肪、低蛋白饲料时核黄素需要量增加。种鸡需要量比非种鸡需要量多。

【症状】维生素 B_2 缺乏症主要影响上皮组织和神经。其特征症状为病鸡趾、爪向下向内蜷曲，呈"握拳状"、跪着地走路以及坐骨神经和臂神经明显肿胀和松软，尤其是坐骨神经比正常粗 4～5 倍。雏鸡除表现上述麻痹症状外，还常以飞节着地，两翅展开像杂技演员走钢丝一样以维持身体平衡，运动困难，被迫以踝部行走，腿部肌肉萎缩或松弛，皮肤粗糙，眼睛发生结膜炎和角膜炎，生长减慢、衰弱、消瘦，背部羽毛脱落，贫血，严重时发生下痢。病后期，腿伸开卧地，不能走动。成年鸡产蛋量下降明显，蛋白稀薄。种蛋孵化率明显降低，胚胎矮小，水肿，趾、爪蜷曲，在孵化期第 12～14 天大量死亡，出壳者因绒毛无法突破皮肤毛鞘常呈"棍棒"状。剖检内脏器官没有反常变化。但重症鸡坐骨、臂神经鞘显著肥大，其中坐骨神经变粗为维生素 B_2 缺乏症典型症状之一。

【诊断】根据趾、爪蜷曲，跪着地走路以及坐骨神经和臂神经鞘增粗等以及有维生素 B_2 缺乏病史可做出诊断。

【治疗】对症状较轻的病鸡，每千克饲料中加入 4mg 维生素 B_2，连喂 7～15 天，可收到较好的治疗效果。造成坐骨神经炎的病鸡，在每千克饲料中添加 10～20mg 维生素 B_2，或每天给重症雏鸡每只口服维生素 B_2 0.1～0.2mg，育成鸡每只口服 5～6mg。出雏率降低的母鸡每只口服 10mg，连用 7 天可收到良好的疗效。

【防制】饲料中添加蚕蛹粉、干燥肝脏粉、酵母、脱脂乳、谷类、苜蓿草粉和青绿饲料等富含维生素 B_2 的饲料，对防治维生素 B_2 缺乏症有一定效果。雏鸡一开食就应喂标准配合饲料，即 8 周龄以内雏鸡，每千克饲料中添加维生素 B_2 2～3mg，8～18 周龄的幼鸡每千克饲料中添加维生素 B_2 0.8mg，可防止发生本病。

（三）烟酸缺乏症

烟酸（维生素 B_5）又称为尼克酸、维生素 PP，是典型的抗糙皮因子之一。烟酸缺乏症是指由烟酸和色氨酸同时缺乏所引起的物

质代谢损害，其主要症状表现为癞皮病，因而烟酸又称为抗癞皮病维生素。

【病因】饲料中长期缺乏色氨酸，使鸡体内烟酸合成减少，如玉米等谷物类原料含色氨酸量很低，不额外添加即会发生烟酸缺乏症。长期使用某种抗菌药物或鸡群患有热性病、寄生虫病、腹泻病、肝脏、胰脏和消化道等机能障碍时引起肠道微生物烟酸合成减少。其他营养物如饲料中维生素 B_2（核黄素）和吡哆醇的缺乏，也影响烟酸的合成，造成烟酸需要量的增加。饲料配制不当，饲料中的亮氨酸、精氨酸和甘氨酸过多可抑制肠道对烟酸的吸收。

【症状】患鸡以皮炎、羽毛稀少、下痢、跗关节肿大为特征。该病各龄鸡均可发生，但以雏鸡的临床症状较为明显。雏鸡以羽毛稀少和皮肤角化过度而增厚等为特有症状。雏鸡发生严重化脓性皮炎，皮肤粗糙，舌发黑色暗，口腔、食道发炎，呈深红色，食欲减退，生长受到抑制，并伴有下痢症状，趾、爪变形弯曲。育成鸡生长停滞，腿关节肿大，骨短粗，腿弯曲，行走困难。成鸡较少发生烟酸缺乏症，其症状主要为羽毛松乱无光甚至脱落。产蛋量下降，孵化率降低，有时可见足和皮肤有鳞状皮炎。剖检可见口腔、食道黏膜表面有炎性渗出物，胃肠充血，十二指肠、胰腺发生溃疡。

【治疗】患鸡每天每只口服烟酸 $30 \sim 40mg$，或在每千克饲料中添加 $200mg$ 烟酸，连喂 $7 \sim 15$ 天，可收到较好的治疗效果。每天每千克体重摄入的烟酸超过 $350mg$ 可能引起中毒。

【防制】避免饲料原料单一，尽可能使用富含 B 族维生素的酵母、麦麸、米糠和豆饼、鱼粉等，调整饲料中玉米比例。饲料中添加足量的色氨酸和烟酸。家禽的烟酸需要量：雏鸡为每千克饲料 $26mg$，生长鸡 $11mg$，蛋鸡为每天 $1mg$。

（四）泛酸缺乏症

泛酸（遍多酸）是两种重要辅酶的组成部分，与脂肪代谢关系极为密切。正常情况下，动、植物饲料原料中泛酸含量较丰富，但家禽饲料尤其玉米、豆粕型饲料泛酸含量少，容易发生缺乏症，所以应补充泛酸（一般用泛酸钙）。

【病因】 泛酸缺乏症通常与饲料中泛酸量不足有关，尤其饲料加工过程中的加热会造成泛酸的较大损失。特别是当长时间处于100℃以上高温加热，而且 pH 偏碱或偏酸情况下损失更大。长期饲喂玉米也可引起泛酸缺乏症。

【症状】 泛酸缺乏主要损伤神经系统、肾上腺皮质和皮肤，特征症状是皮炎、羽毛生长受阻和粗乱。成鸡产蛋量和孵化率显著降低，胚胎死亡率增高，大多死于孵化期最后 2~3 天，鸡胚皮下出血、严重水肿，孵出的雏鸡体轻而弱，24 小时内死亡率可达 50%左右。雏鸡衰弱消瘦，口角、眼睑以及肛门周围有局限性的小结痂，上下眼睑被黏性渗出物黏在一起，严重者头部、趾间或脚底发生小裂口、结痂、出血或水肿，裂口加深后行走困难。有时可见脚底皮肤增生、角化，口舌暗红，引起所谓的黑舌病。尸体剖解可见口腔内有脓样物，前胃中有不透明灰白色渗透物；肝脏肥大，颜色变黄；脾脏轻微萎缩；肾脏有些肿大。

【治疗】 在病鸡饲料中添加正常用量 2~3 倍的泛酸，并补充多维，连喂 7~15 天，可收到较好的治疗效果。

【防制】 饲喂酵母、麸皮、米糠、新鲜青绿饲料等富含泛酸的饲料可以防止本病的发生。合理配合饲料，添加泛酸钙，每千克饲料中蛋鸡需要量为 2.2mg。

（五）生物素缺乏症

生物素缺乏症是由于生物素缺乏引起机体糖、蛋白、脂肪代谢障碍的营养缺乏性疾病，其特征病变为足底和趾皮肤龟裂、出血、结痂，爪趾坏死、脱落，胚胎先天性骨短粗症。

【病因】 谷物类饲料中生物素含量少，利用率低，如果谷物类

在饲料中比例过高，就容易发生缺乏症；饲料中干蛋清含量过高或长期使用磺胺类抗生素添加剂会影响微生物合成生物素，从而造成生物素缺乏；其他影响生物素需要量的因素，如饲料中脂肪含量等。

【症状】 雏鸡呈鹦鹉嘴，4 趾形成并趾，胚胎发生先天性骨短粗症，是其典型症状。除上述症状外，还表现为足底和趾皮肤龟裂、出血、结痂，爪趾坏死、脱落，脚和腿上部皮肤干燥，食欲不振，羽毛干燥变脆，逐渐衰弱，发育缓慢，有的甚至发生脚、喙和眼周围皮肤炎症，眼睑肿胀黏连，病鸡嗜睡并出现麻痹。有时也表现出胫骨短粗症。种母鸡产蛋量下降，所产种蛋孵化率低，胚胎死亡率以孵化第 1 周最高，最后 3 天次之，胚胎和孵出雏鸡先天性胫骨短粗，共济失调，骨骼畸形。剖检可见肝苍白、肿大，小叶有微小出血点，肾肿大、颜色异常，心脏苍白，肌胃内有黑棕色液体。

【诊断】 与泛酸缺乏症的区别：该症发生与泛酸缺乏症相似的皮炎症状，轻者难以区别，只是结痂时间和次序有别。生物素缺乏症雏鸡首先在脚上结痂，而泛酸缺乏症小鸡则先在口角结痂。

【治疗】 每只成年鸡口服或肌内注射生物素 0.01～0.05mg，或者在每千克饲料中添加生物素 40～100mg，连喂一周，可获得良好效果。

【防制】 饲喂富含生物素的米糠、豆饼、鱼粉和酵母等可防治生物素缺乏症。因为谷物类饲料中生物素来源不足，所以添加生物素添加剂产品很有必要。每千克种鸡饲料中应添加生物素 200μg；每千克产蛋鸡、肉鸡等饲料中添加生物素 150μg。停止饲喂或减少磺胺等抗生素类药物的使用量。

（六） 叶酸缺乏症

叶酸缺乏症是由于鸡体内缺乏叶酸而引起的以贫血、生长停滞、羽毛生长不良或褪色为特征的营养缺乏性疾病。叶酸对于正常的核酸代谢和细胞增殖极其重要，而食用家禽饲料原料含量又不丰富，如果补充量不足很容易发生缺乏症。

【病因】使用的商品饲料中添加量太低；抗菌药物如磺胺类影响微生物合成叶酸；特殊生理阶段和应激状态下需要量增加；其他影响叶酸合成吸收的因素如铁供应不足、疾病等。

【症状】雏禽贫血，红细胞数量减少、比正常者大而畸形，血红蛋白下降，血液稀薄，肌肉苍白，羽毛色素消失，出现白羽，羽毛生长缓慢、无光泽。雏鸡生长缓慢，骨短粗。产蛋鸡产蛋量、孵化率下降，胚胎畸形，出现胫骨弯曲，下颌缺损，趾爪出血，火鸡颈部麻痹，并很快死亡（一般 3 天内）。

【治疗】每千克饲料中添加 5mg 叶酸，连喂 1 周。每天每只鸡肌内注射叶酸，雏鸡 50～100μg，育成鸡 100～200μg，1 周内可恢复。配合维生素 B_{12} 和维生素 C 进行治疗效果更好。

【防制】添加酵母、肝粉、亚麻仁饼、谷物、黄豆粉及大豆等其他豆类和多种动物产品等富含叶酸的物质，不要单一用玉米作饲料，可防止叶酸缺乏。正常饲料中应补充叶酸，家禽对叶酸的需要量为：雏鸡 0.55mg/kg，成鸡 0.25mg/kg，种鸡 0.35mg/kg，火鸡 0.8mg/kg。

（七）维生素 B_{12} 缺乏症

维生素 B_{12}（称钴胺素），缺乏症是由于维生素 B_{12} 或钴缺乏而引起的以生长受阻和步态不稳为主要特征的营养缺乏性疾病。

【病因】饲料中长期缺钴；长期服用磺胺类、抗生素等抗菌药，影响肠道微生物合成维生素 B_{12}；笼养和网养鸡不能从环境（垫草等）中获得维生素 B_{12}；肉鸡和雏鸡需要量较高，必须加大添加量。

【症状】最明显的症状是生长受阻，继而表现为步态不稳和不协调。雏鸡还表现为食欲减退，发育迟缓，羽毛生长不良、稀少、

无光泽、贫血，发生软脚症，死亡率增加。成鸡产蛋量下降，蛋小而轻，蛋壳陈旧，种蛋孵化率低，鸡胚多于孵化后期死亡，在孵化的第17天有一个死亡高峰。剖检可见胚胎体形小，腿部肌肉萎缩、弥散性出血，骨短粗、水肿和脂肪肝。孵出的幼雏存活率低，肌胃糜烂，肾上腺肿大，肝细胞坏死和脂肪肝，肝脏颜色变黄，质地变脆。

【治疗】患鸡每天每只肌内注射维生素 B_{12} 2~4μg，或每千克饲料中添加 4μg 维生素 B_{12}，连用1周，可取得良好疗效。

【防制】补充鱼粉、肉粉、肝粉和酵母等富含钴的原料。正常饲料中添加氯化钴制剂，可防止维生素 B_{12} 缺乏。垫草中的细菌能合成维生素 B_{12}，所以平养鸡群少见其缺乏症。每千克种鸡饲料中加入 4μg 维生素 B_{12} 可使种蛋孵化率提高。

（八）胆碱缺乏症

胆碱缺乏症是主要发生于雏鸡的一种脂肪代谢障碍营养缺乏性疾病，主要特征为脂肪在鸡肝内大量沉积而导致脂肪肝和骨短粗。

【病因】饲料中胆碱添加量不足；叶酸、维生素 B_{12}、维生素 C和蛋氨酸都可参与胆碱合成，它们的不足导致胆碱需要量增加；胃肠和肝脏疾病影响胆碱吸收和合成；饲料中长期应用抗生素和磺胺类药物能抑制胆碱的合成；脂肪采食量过高而没有相应提高胆碱的添加量。饲料中维生素 B_1 和胱氨酸增多也促进胆碱缺乏症的发生。

【症状】该病主要发生于雏鸡。成年鸡因体内能合成胆碱，一般不会发生缺乏症。雏鸡主要表现为食欲减退、生长停滞，骨短粗和骨质疏松。骨短粗病最早的特征是在跗关节的周围有点状出血和轻度膨大，接着跗骨变弯曲，关节的软骨变成弓形，跟腱滑脱，病鸡站立困难，常伏地不起。蛋鸡产蛋量下降，孵化率降低。剖检可见肝、肾脂肪沉积，肝肿大、脂肪变性呈土黄色，表面有出血点，质地脆弱。飞节肿大部位有出血点，胫骨变形，腓肠肌脱位，死鸡冠、肉垂苍白，肝包膜破裂，有较大凝血块。

【治疗】患鸡每只肌内注射 0.1~0.2g，连用 10 天，或每千克饲料中添加氯化胆碱 1.0g，配合维生素 E 10IU，肌醇 1g。但已发生跟腱滑脱时，治疗效果差。

【防制】在雏鸡每千克饲料中添加 700mg 胆碱可预防缺乏症的发生。

三、无机盐缺乏症

无机盐在细胞中的含量很少，却是生物组织的重要材料，对维持生物体的生命活动、维持细胞的形态和功能有重要作用。虽然鸡体内无机盐类的含量很少，但其在营养中却起着重要作用。在禽类所需要的 18 种无机元素中，任何一种元素供应不足，都会使鸡的体质、增重、饲料利用率和繁殖率受到严重影响，甚至引起疾病和死亡。但在实际生产中，因无机盐缺乏导致的疾病常不引起人们的足够重视。实践证明，当饲料中缺乏 Mn、Zn、Ca、P、Cu、Cl 等无机元素时，常可引起胫骨短粗症、佝偻病及胫骨软骨发育不良等病。因此，合理搭配饲料，科学饲养是预防无机盐代谢病的关键。

（一）钙和磷缺乏症

钙和磷缺乏症是机体缺乏维生素 D_3、钙和磷或钙磷比例失调所致幼禽骨组织钙化不全或成年禽脱钙，使骨组织变软、肿大、易于弯曲为特征的疾病。幼禽称为佝偻病，成禽则称为骨软病。

【病因】鸡生长发育和产蛋期对钙磷需要量较大，如果饲料中钙、磷含量补充不足，则容易产生钙磷缺乏症。饲料中钙、磷比例失调，会影响两种元素的吸收，雏鸡和产蛋鸡的饲料中钙磷比应为（2~4）：1。维生素 D 在钙磷吸收和代谢过程中起着重要作用，

如果维生素 D 缺乏，则会引起钙磷缺乏症的发生。球虫病、白痢病等引起拉稀时均能影响钙吸收。其他因素如饲料中蛋白质、脂肪、植酸盐含量过多，环境温度过高、运动少、日照不足及疾病、生理状态等都会影响钙、磷代谢和需要量而引起缺乏症。

【症状】雏禽典型症状是佝偻病。发病较快，1~4 周龄出现症状。主要表现步态跛瘸、运动困难，骨骼发育异常，关节肿大，跗关节尤其明显，腿骨及胸骨畸形，肋骨末端呈念珠状小结节，生长发育不良。成禽易发生骨软症，主要是在高产鸡的产蛋高峰期产蛋量下降，最初产薄壳蛋或软壳蛋，蛋壳易破碎，蛋壳表面畸形、沙皮、孵化率下降，继而骨骼变松变脆，导致自发性骨折，腿软，卧地不起；爪、喙、龙骨弯曲。笼养蛋鸡则易发生笼养蛋鸡疲劳症。剖检可见全身骨骼骨密质变薄，骨髓腔变大，易骨折，胸骨和肋骨自然骨折，与脊柱连接处的肋骨局部有念珠状突起。

【治疗】立即增加饲料中钙、磷水平，调整好比例，应以 3 倍于平时剂量的维生素 D 或鱼肝油 2~3 周，然后再恢复到正常饲喂。当然，最好能够化验饲料。补充钙磷可用磷酸氢钙、骨粉、贝壳粉等原料。增加运动和光照，可提高疗效。

【防制】饲料中钙、磷含量要满足鸡的需要，比例也要适当，同时注意维生素 D 的给予。雏鸡钙与有效磷的比例为 0.6%~0.9%：0.4%~0.55%。可在每千克饲料中添加贝壳粉 7.5g，同时于每千克饲料中添加维生素 D 2 000IU，可有效预防该病的发生。

（二）氯和钠缺乏症

氯和钠缺乏症是由于氯和钠摄入不足引起机体代谢紊乱等一系列症状的营养缺乏性疾病，其发病症状主要是生长迟缓，肌肉、神经机能障碍，脱水，蛋产量减少等。

【病因】饲料中氯和钠主要来源是食盐、鱼粉和肉、骨粉，其中含氯和钠较多，饲料中食盐添加量不足是氯和钠缺乏症的主要病因，因此有时又称为食盐缺乏症。

【症状】雏鸡食盐缺乏时生长停滞，并出现典型的神经症状。当病鸡受惊时躯体向前倒，两脚向后伸，不能站立，经数分钟可恢复正常；再次受惊时上述症状又重复出现，有时休克死亡。成年蛋鸡缺乏时产蛋量下降，蛋形变小。病鸡体重减轻并产生啄食癖。剖检可见肾上腺肥大。

【治疗】立即在每千克饲料中添加 800g 食盐，连续饲喂 1 周后降至正常水平。

【防制】正常情况下添加量为每千克饲料中添加 300～400g 食盐，在鱼粉、肉骨粉用量较大时应酌情减少，但应注意劣质鱼粉的食盐含量会很高，不能过量，以防引起中毒。

（三）锌缺乏症

锌缺乏症是由于缺乏锌引起以羽毛发育不良、生长发育停滞、骨骼异常、生殖机能下降等为特征的营养缺乏性疾病。

【病因】地方性缺锌：缺锌地区土壤含锌量很少，该地区生长的作物籽实也就缺锌。配方不当，锌添加量不足以满足家禽的需要。一般饲料原料如玉米中锌含量很低。钙、镁、铁、植酸盐过多，含铜量过低，不饱和脂肪酸缺乏，影响锌的吸收。其他因素如棉酚可与锌结合，使锌失去生物活性等。

【症状】雏鸡缺锌时表现生长停滞，羽毛发育异常，质差、易缺损，严重时无羽毛，新羽不易生长。发生皮炎、鳞屑增多，皮肤、足趾更为显著，创伤不易愈合，长骨粗短有时弯曲，关节增大、僵硬，两腿无力，步态不稳。成年鸡产蛋量降低，蛋壳薄，孵化率低，易发啄蛋癖。

【治疗】可每只鸡每天肌内注射 5mg 氧化锌或在每千克饲料中另外添加 60mg 的氧化锌，连用 1 周。

【防制】正常情况下，每千克鸡饲料中应含有 50～100mg 锌，

可通过增加鱼粉、骨粉、酵母、花生粕、大豆粕等的用量以及添加硫酸锌、碳酸锌和氯化锌补充，必要时可于每千克饲料中加氧化锌5～10mg。

（四）锰缺乏症

锰是鸡生长繁殖所必需的微量元素，对骨骼生长、蛋壳形成、胚胎发育及能量代谢都具有重要作用，鸡的锰缺乏症又称脱腱症、骨短粗症、滑动腱、膝关节症等。

【病因】地区性锰缺乏的土壤上生长的作物籽实含锰量很低。配方不当，饲料原料中玉米、大麦的含锰量较少，在主要以玉米作为饲料时必须添加无机锰以满足家禽对锰的需要。饲料中钙、磷、铁、植酸盐过高会降低锰的吸收利用率；饲料中 B 族维生素不足会增加对锰的需要量。其他因素，如鸡患球虫病、胃肠道疾病及药物使用不当等时锰的吸收利用会受到影响。

【症状】本病多发生于雏鸡和育成鸡，特别多见于体重大的品种。常见症状为骨短粗症和脱腱症。前者表现为胫跗关节肿大，腿骨变粗变短，表现跛行。后者表现为跗关节肿胀与明显错位，胫骨远端和跗骨近端向外扭转，腿外展，常一条腿强直，膝关节扁平，节面光滑，导致腓肠肌腱从髁部滑脱，腿变曲扭转，瘫痪，无法站立。常因双腿并发而不能采食，直至饿死。雏鸡缺锰会发生腿骨粗短，飞关节肿胀、扭转，胫骨、跗骨弯曲变形，运动失调。成年鸡产蛋量显著减少，蛋壳薄易破碎，种蛋入孵后在出雏前 1～2 天胚胎大批死亡，种蛋孵化率明显降低，胚胎畸形，腿短粗，翅膀缺如，头呈圆球形，腹部突出，胚体明显水肿，孵出的雏鸡体质衰弱，常表现为神经机能障碍，运动失调，骨骼短粗。

【诊断】该病与软骨病的鉴别诊断：软骨病的病鸡骨骼钙化不全，骨质柔软，而该病虽然骨骼变形，但钙化完全，骨质坚硬。

【治疗】每千克饲料中添加 0.12～0.24g 硫酸锰，连用 4～7

天；或采用 1 : 3 000 高锰酸钾水作为鸡的饮水，现配现用，每天 2 次，饮 2 天，停 2 天，如此反复几次；同时在每千克饲料中加入氯化胆碱 1~2g，维生素 B_6 20~40mg，连用 5 天，对早期缺锰症疗效较好。对腿骨变形严重者应予淘汰。

【防制】正常家禽饲料中应含有锰 40~80mg/kg。应根据家禽的各个生长阶段的特点，合理搭配使用各种矿物质和其他营养物质。育雏期及育成期饲料中钙、磷的补充应恰当，钙、磷成分增多时，应相应加大锰的使用量，可每千克饲料中添加 60~100mg 的锰。通常采用碳酸锰、氯化锰、硫酸锰、高锰酸钾作为锰补充剂。调整钙、磷比例及含量至正常水平，保证 B 族维生素足量。另外糠麸含锰丰富，增加饲料中糠麸含量也有良好的预防作用。

（五）铁缺乏症

铁是动物体内所必需的微量元素，也是构成血红蛋白的重要原料；铁还是动物体内许多酶的成分。产蛋鸡对铁的需要量较大，每千克饲料中含铁 80mg 即能满足鸡对铁的需要量。一般情况下鸡的铁缺乏症较为少见。

【病因】饲喂高铜饲料、用棉籽饼替代豆饼或以尿素作蛋白质补充物，又未给动物补充铁。吸血性内外寄生虫感染，因失血而铁损耗大导致缺铁。继发性铁缺乏症常大量发生。用高铜饲料喂猪而未补充铁会干扰铁的吸收。

【症状】鸡体缺铁时表现贫血、羽毛缺乏色素、颜色变淡、缺乏光泽等症状。

【治疗】用硫酸亚铁 100g，硫酸铜 12g，糖浆 500mL 混合，每只鸡口服 1 滴，或加入 3 倍量的水让鸡自饮，都可达到治疗目的。

【防制】在饲料中添加微量元素添加剂，或在每千克饲料中拌入硫酸亚铁 130~200mg。

（六）硒缺乏症

硒缺乏症与维生素 E 缺乏症有诸多共同之处，硒缺乏可引起以骨骼发育不良、白肌病、渗出性素质为特征的营养缺乏性疾病。

【病因】地方性土壤缺硒（含硒量低于 0.5mg/kg），引起作物籽实缺硒，最终造成饲料缺硒。食用饲料一般应补充硒（除极少数地区）而未补充。维生素 E 缺乏也会造成硒缺乏症发生。其他因素如日粮中硫含量过高会影响硒的吸收等。

【症状】硒缺乏症有一定的地区性、季节性，多集中在冬春两季发生，寒冷多雨是常见发病诱因。其临床症状为渗出性素质，常以 2~3 周龄的雏鸡发病为多，到 3~6 周龄时发病率高达 80%~90%，多呈急性经过。病雏躯体低垂，胸腹部皮肤出现淡蓝色水肿样变化，可扩展至全身。排稀便或水样便，最后衰竭死亡。剖检可见水肿部有淡黄色的胶冻样渗出物或淡黄绿色纤维蛋白凝结物。白肌病以 4 周龄幼雏易发，表现为全身软弱无力，贫血，腿麻痹而卧地不起，羽毛松乱，翅下垂，衰竭死亡。患禽主要病变在骨骼肌、心肌、胸肌、肝脏、胰脏及肌胃肌肉，其次为肾脏和脑。病变部肌肉变性、色淡、呈煮肉样，呈灰黄色、黄白色的点状、条状、片状出血。心肌扩张变薄，多在乳头肌内膜有出血点，胰脏变性，体积缩小有坚实感。硒和维生素 E 均缺乏时可发生脑软化症，主要表现为平衡失调、运动障碍和神经紊乱症状。

【诊断】硒缺乏主要表现为渗出性素质与白肌病，通常无脑软化症。研究证明，硒在白肌病中处于协同作用的位置，起主要作用的是维生素 E 和含硫氨基酸的缺乏。在渗出性素质中由于硒与维生素 E 的互补作用，单一缺乏其中的一种往往不显现病症，多为两者同时缺乏时才发病。

【治疗】0.01% 亚硒酸钠生理盐水肌内注射，雏鸡为 0.1~0.3mL，成鸡 1mL，同时喂维生素 E 油 300IU，4 小时后即见症状减轻、好转。也可在每千克饲料中添加 0.1~0.15mg 亚硒酸钠，或每千克饮水中添加 1.0mg 亚硒酸钠饮水，5~7 天为一疗程，但应防止过量，硒过量会抑制生长，降低孵化率，增加胚胎的畸形率。当每千克饲料中硒的浓度高达 4mg 时，则会导致鸡中毒。

【防制】

① 正常饲料中应含有 0.1~0.2mg/kg 的硒，通常以亚硒酸钠形式添加，同时应有 20mg 维生素 E。

② 缺硒地区或用缺硒饲料要补硒。每千克饲料补硒 0.1mg。可在 10 日龄雏鸡的饲料中加入 0.1mg/kg 的亚硒酸钠。在维生素 E 缺乏时，对硒的需要量增加。要避免饲料因高温、潮湿、长期贮存或受霉菌污染而造成的维生素 E 损失。

（七）镁缺乏症

镁是动物机体所必需的常量元素，也是形成骨骼的必需元素。在鸡体内约有 70%镁与钙、磷共同构成骨骼，镁对维持神经活动起着重要的作用。

【症状】雏鸡日粮中镁缺乏时，表现生长缓慢，时而发生痉挛，严重时气喘，惊厥，昏迷，甚至死亡。成年鸡缺乏时，产蛋量减少，骨质疏松。

【防制】一般饲料中都可以满足鸡对镁的需要，不必添加。但在饲料中要防止钙、镁比例失调，以致引起镁缺乏；同时又要防止饲料中含镁过量，形成镁过多症。

（八）痛风

家禽痛风是体内蛋白质代谢障碍和肾功能障碍所引起的营养代谢性疾病，是一种慢性病。特征是内脏器官或关节中有大量尿酸和尿酸盐沉积，死亡率很高。因痛风病不属传染性疾病，所以往往不被人们重视，从而导致损失惨重。

【病因】饲料蛋白质过高，尤其是添加鱼粉，导致尿酸量过大，肾损伤，如磺胺类药物慢性中毒、沙门氏菌病、传染性支气管炎、传染性法氏囊病、艾美耳球虫病等。高钙日粮或高钙低磷日粮、维生素 A 缺乏、育雏温度过高或过低、缺水、饲料变质、盐分过高等也可引起痛风。

【症状】

(1) 内脏性痛风。成年鸡表现全身营养障碍，食欲不振，逐渐消瘦，冠苍白，羽毛松乱，趾部皮肤干枯，母鸡产蛋量减少甚至停产。泄殖腔松弛，不自主地排白色稀粪，其中含有多量尿酸盐，稀粪常污染泄殖腔下部的羽毛；脱水，肌肉和皮肤颜色变暗，剖检可见胸膜、肠系膜及心、肝脏、腹膜、脾脏表面覆盖一层白色尿酸盐沉淀，似石灰样白膜，表面有微小的粉末状沉淀，肾脏苍白，肿大，输尿管增粗（如重症常有棍状结石）。

(2) 关节性痛风。脚趾和腿部关节发生炎性肿胀和跛行，进而形成硬而轮廓明显的、间或可以移动的结节，翅、腿关节显著变形，运动受阻。剖检可见关节内充满白色黏稠液体，严重时关节组织发生溃疡、坏死。

(3) 幼雏痛风。出壳数日至 10 日龄雏鸡死亡率为 10%～80%，排白色粪便。

【治疗】对发病鸡群降低饲料中蛋白质的水平，增加维生素的含量，给予充足的饮水，停止使用对肾脏有损害的药物和消毒剂。饲料或饮水中添加有利于尿酸盐排出的药物，如肾肿解毒药、肾肿宁等可缓解病情。

【防制】加强饲养管理，保证饲料的质量和营养的全价，尤其不能缺乏维生素 A。做好沙门氏菌病、传染性支气管炎、传染性法氏囊病、艾美耳球虫病等可诱发该病的原发性疾病的防治。不要长期使用或过量使用对肾脏有损害的药物及消毒剂，如磺胺类药物、庆大霉素、卡那霉素、链霉素等。

（九）脂肪肝出血综合征

脂肪肝综合征是发生于产蛋鸡和肉用仔鸡的一种脂类代谢障碍性疾病。该病以产蛋鸡多发，导致产蛋量急剧下降，患病鸡多由于肝脏积聚大量的脂肪，出现肝脂肪变性，使肝包膜易发生撕裂导致内出血，故又称为脂肪肝-出血综合征。该病也发生于 10~30 日龄肉仔鸡，剖检可见肝、肾苍白、肿胀。一般情况下，死亡率不超过 6%，但有时也可高达 20%。

【病因】脂肪肝出血综合征的发生主要受遗传、营养、环境和其他因素的影响。遗传因素，即不同品种鸡对脂肪肝出血综合征的敏感性不同，肉用种鸡比蛋用品种具有更高的发病率。长期饲喂过量的饲料或饲料中脂肪与蛋白质比例、脂肪与糖的比例不协调，以及微量元素与维生素（如胆碱、肌醇、B 族维生素）缺乏可促使发生。黄曲霉毒素中毒、温度过高、惊吓、饲养方式、性别、抗生素等也能使发病率增加。

【症状】发病鸡无明显症状，主要表现为肥胖，超出正常体重的 20%~30%。蛋鸡和肉用种鸡生产性能下降，产蛋率可由 80% 逐渐降到 50%，或根本达不到产蛋高峰。肉用仔鸡嗜眠、麻痹和突然死亡，多发生于生长良好的 10~30 日龄仔鸡，病死率一般在 6%，有时高达 30%。有些病例呈现生物素缺乏症的表现，喙周围皮炎，足趾干裂，羽毛生长不良。由于肝外膜破裂引起致命性的出血，导致鸡的死亡，比正常平均死亡率高 2%~10%。剖检可见病鸡肝脏肿大、颜色发黄、易碎、肝包膜下有大小不等的出血点，有时可见血凝块或肝脏破裂，腹腔有血凝块等，腹腔及内脏周围有大量的脂肪沉积。

【治疗】对发病鸡群，每吨日粮添加氯化胆碱 22~110g，连用 2 周或每吨日粮添加维生素 E 10 000 IU，维生素 B_{12} 12mg，肌醇 900g，连续饲喂 2 周，有较好疗效。

【防制】根据具体情况科学配制针对于不同品种、不同产蛋率的鸡饲料。饲料中胆碱、肌醇、蛋氨酸、维生素 E、维生素 B_{12}、亚硒酸钠等嗜脂因子的添加量不宜过高。加强饲养管理，提供适宜的生活空间和环境温度，减少鸡的应激。鸡群换喂全价日粮，对防止脂肪肝出血综合征的发生有良好的作用。

鸡中毒性疾病

一、黄曲霉毒素中毒

黄曲霉毒素是黄曲霉的代谢产物，广泛存在于发霉变质的食物和饲料中，黄曲霉中毒是人畜共患病之一。家禽对黄曲霉比较敏感，摄入大量则中毒。以肝脏受损、全身出血和神经症状等为特征。

【病因】由于采食了被黄曲霉菌或寄生曲霉等污染含有毒素的饲料而引起。各种饲料特别是玉米、花生粕、豆粕、棉籽饼、麸皮、小麦、大麦等作物最易感染黄曲霉。黄曲霉菌广泛存在于自然界，在温暖潮湿的环境中最易生长繁殖，产生黄曲霉毒素。黄曲霉毒素及其衍生物有 20 余种，引起家禽中毒的主要毒素有 B_1、B_2、G_1、G_2、M_1、M_2，以 B_1 的毒性最强，以幼龄鸡为敏感。调查病因时可见凡吃食了可疑饲料的鸡与发病率呈正相关，发病鸡无传染性。

【临床症状】6 周以下的雏鸡尤其是肉用仔鸡耐受量小，多为急性中毒。表现精神沉郁，食欲减退，消瘦虚弱，鸡冠苍白，凄叫，排淡绿色或白色稀粪，有时带血。翅下垂，共济失调，呈角弓反张状死亡。青年蛋鸡和成年鸡耐受性稍高，病情缓和，产蛋减少

或开产期推迟，个别呈极度消瘦的恶病质而死亡。

【病理变化】急性中毒表现皮下和肌肉出血。肝脏充血、肿大、出血及坏死，色黄，胆囊扩张。肺普遍严重出血、水肿。腺胃黏膜有点状出血，十二指肠弥漫性出血。肾苍白肿大。慢性中毒常见肝硬化、萎缩、呈黄土色，个别可见白色点状结节，伴有腹水。心包积水。

【预防】

（1）防霉。引起霉败的条件主要是水分和温度。因此，粮食收割后要防止雨淋，晾晒，贮藏控制温度、湿度，注意通风。为防止饲粮发霉，可用福尔马林、环氧乙烷等对饲料进行熏蒸消毒。也可在饲料中加入防霉剂和制霉菌素等。

（2）去毒。拣去霉粒再进行水洗，用0.1%的漂白粉溶液浸泡4~6小时，再用清水浸洗多次，直至浸泡水无色为宜。

【治疗】

立即停喂霉变饲料，更换新料。急性中毒可饮用5%葡萄糖水或口服维生素 C 和维生素 K_3 各 1 片。

二、鸡肌胃糜烂病

鸡肌胃糜烂症亦称肌胃腐蚀症、肌胃溃疡、黑色呕吐病、黑胃病，是鸡的一种与人的胃肠出血相似的非传染性疾病，主要发生于肉鸡，其次是蛋鸡和鸭。多发生于雏鸡，发病年龄多在 2~6 周龄。临床特征是鸡呕吐黑色物，肌胃黏膜损伤，病变由轻度的表层糜烂到广泛的溃疡形成和出血，呈散发性，死亡率有时高达20%。

【原因】饲料中鱼粉添加比例过高或质量低是引起本病的原因。据报道，肉用仔鸡日粮中含有鱼粉量超过12%时即可引起肌胃糜烂、溃疡和坏死，尚未发现8%以下发病的。但后来的研究发现，并非所有的鱼粉都会引起肌胃糜烂。近来的研究还表明，鱼粉的变质是引起本病的直接诱因，饲料中的维生素缺乏和霉菌毒素也与本病有关。

【临床症状】病鸡表现为食欲减退或消失，精神不振，瞌睡，闭眼缩颈，步态不稳，羽毛松乱。鸡冠、肉髯发绀或贫血苍白。病鸡嗉囊胀满，外观呈淡褐色或淡黑色，故常称为"黑嗉子病"。倒提病鸡或用手挤压病鸡嗉囊，可见有黑褐色稀薄的水样物从口腔中流出，故称"黑吐病"。死亡鸡口腔中也可见有黑褐色物残留。

【病理变化】病死鸡可见全身消瘦，肌肉苍白，嗉囊扩张，嗉囊、腺胃、肌胃和十二指肠内容物呈棕黑色、黏稠。腺胃扩张，胃壁迟缓，黏膜脱落。肌胃角质膜颜色变深，呈暗绿色或黑色，表面粗糙，外观呈树皮样。腺胃与肌胃交界处稍下方至肌胃中区及肌胃后区常见不同程度的糜烂或溃疡，溃疡灶深部有出血斑。肌胃内容物呈暗绿色或黑褐色并混有多量的黑褐色水样物。十二指肠、盲肠肠壁变薄或增厚，黏膜上皮脱落，并有充血或出血。小肠后段、盲肠和直肠有轻度炎症。心、肝、脾色泽苍白、萎缩，胆囊扩张，呈暗绿色。肾多肿胀、出血。泄殖腔黏膜充血。

【预防】控制鱼粉用量，日粮中鱼粉含量应在8%以下。保证鱼粉质量，鱼粉要妥善保管和贮藏，防止霉变。如怀疑鱼粉中含有糜烂素可在每千克饲料中加10mg甲睛咪胍预防。由于肌胃糜烂素必须通过组胺才能起作用，故可在饲料中按0.001%的用量添加西米替丁进行预防。加强舍内通风以保持空气清新；采取合理的饲养密度。另外，一些营养缺乏症、代谢病的发生可诱发本病。

【治疗】发现中毒立即更换饲料并调整日粮中的鱼粉用量或更换无鱼粉的饲料，停止使用抗生素。对发病初期的病鸡，可采用0.2%~0.4%碳酸氢钠溶液饮水，每日早晚各1次，连续2天。对病重鸡每只可肌内注射维生素 K_3 0.5~1.0mg 和止血敏 50~100mg，每日2次，连用4天。对大群鸡，可在饲料中添加维生素 B_6、维

生素 C 和维生素 K$_3$，其用量分别为每千克饲料中加 3～7mg/kg、30～50mg/kg 和 2～3mg/kg。

三、磺胺类药物中毒

磺胺类药物是防治家禽传染病和寄生虫病的常用抗菌药物，鸡对其敏感。其中特别是在肠道中容易吸收的如磺胺嘧啶（SD）、磺胺二甲嘧啶（SM2）、磺胺间甲氧嘧啶（SMM）、磺胺喹噁啉（SQ）等，这些药物的中毒量和治疗量相差不大，故容易中毒。其中以磺胺二甲嘧啶的毒性最大。

【病因】用药剂量过大，或连续用药。据报道，4～12 周龄的鸡饲喂含 0.25% 的饲料 1 周即可中毒，130 日龄小母鸡饲喂含 0.5% 的饲料 11 天即开始死亡。复方敌菌净在饲料中添加至 0.036%，第 6 天即引起死亡。复方新诺明混饲用量超过三倍以上，即可造成雏鸡严重的肾肿。维生素 K 缺乏可促发本病。

【临床症状】病鸡具有全身出血性变化。急性中毒表现为兴奋、拒食、腹泻、共济失调和痉挛等症状。慢性中毒仔鸡表现精神沉郁，食欲减退，渴欲增加，生长缓慢或停止，有时头肿大且发蓝色，排酱油状或灰白色稀粪。成年母鸡产蛋量明显下降，蛋壳粗糙变薄，有时产软蛋。

【病理变化】特征性变化为皮肤、皮下、肌肉和脏器广泛出血，尤其以胸肌和大腿肌肉表现明显。肠道、肌胃与腺胃有点状或长条状出血。骨髓黄染，肝、脾、心脏有出血点或坏死点。肝、脾、肾肿大，输尿管增粗，充满白色尿酸盐。

【预防】应以预防为主，选择毒性小的磺胺类药物，如复方新诺明、磺胺喹噁啉、磺胺氯吡嗪等。控制好剂量，使用该类药物时间不宜过长，一般连用不超过 1 周。注意保证供给充足的饮水。3

周龄的雏鸡慎用，磺胺药主要在肝脏中代谢，雏鸡肝脏解毒功能低，易发生中毒。产蛋鸡禁止使用磺胺类药物。

【治疗】　发现中毒立即更换饲料，停止饲喂磺胺类药物，供给充足饮水。在饮水中加入1.5%小苏打和5%葡萄糖溶液，连饮3～4天。每千克饲料中可加入维生素C 0.2g和维生素K 30.5mg，连用3～4天。中毒严重的鸡可肌注维生素B_{12} 1～2mg或叶酸50～100μg。

四、喹乙醇中毒

喹乙醇又名喹酰胺醇、快育诺、倍育诺等，是一种促进剂和抗菌剂。由于其具有提高畜禽生长率、改善饲料转化率和抗菌作用，并有用量少、价格便宜、使用方便、不易产生耐药性及防治禽霍乱效果显著等特点，故在养禽业中有广泛的应用。但其用量过大或拌料不匀则可引起中毒。

【病因】　用量过大，或大剂量连续应用所致。常常因为使用喹乙醇含量较高的猪用全价饲料或添加剂而引起中毒，喹乙醇作为家禽生长促进剂，一般在饲料中加入25～30g/t。饲料搅拌不匀或错误用量，预防禽霍乱等疾病时超量引起中毒。预防细菌性传染病，一般在饲料中添加100g/t喹乙醇，连用7天，停药7～10天。治疗量一般在饲料中添加200g/t喹乙醇，连用3～5天，停药7～10天。据报道，饲料中添加300g/t喹乙醇，饲喂6天，鸡就呈现中毒症状。饲料中添加1 000 g/t喹乙醇饲喂240日龄蛋鸡，第3天即出现中毒症状。喹乙醇在鸡体内有较强的蓄积作用，小剂量连续应用，也会蓄积中毒，如使用含有喹乙醇的药品，如速育灵、快育灵、霍乱灵、鸡病灵等。

【临床症状】　病鸡厌食，精神沉郁，缩头嗜睡，畏寒扎堆，羽

毛松乱，排黄色水样稀粪。鸡冠呈紫黑色，卧地不动，很快死亡。轻度中毒时，发病较迟缓，大剂量中毒时，可在数小时内发病。产蛋鸡中毒后产蛋量急剧下降，甚至绝产。

【病理变化】病理变化与鸡新城疫和急性禽霍乱相似。消化道出血尤以十二指肠、泄殖腔严重表现为弥漫性出血，腺胃出现条状或出血斑状出血，肌胃角质层下点状出血、腺胃与肌胃交界处有黑色的坏死区。心冠状脂肪和心肌表面有散在出血点，心肌质软。肝肿大有出血斑，色暗红，质脆，切面糜烂多汁，脾、肾肿大，质脆。肝、肾一般肿大 2~5 倍。

【预防】按规定添加量应用。用作促进生长的添加剂时，每千克饲料中加 25~35mg 的喹乙醇，且要混匀；用作预防疾病时按每千克饲料中加 50~100mg 的喹乙醇，连用 1 周后，应停药 3~5 天。

【治疗】立即更换饲料，停止饲喂喹乙醇。水中交替投入 0.1%~0.15% 的碳酸氢钠、6%~8% 的白糖或 5% 葡萄糖溶液，连饮 3~5 天。也可投喂 5~10 倍营养需要的复合维生素，连饮 3~5 天。百毒解 250g 加 25kg 水，连饮 3~5 天。

五、呋喃类药物中毒

呋喃类药物是一类人工合成的抗菌药物，应用广泛。兽医常用的呋喃类药物有呋喃西林、呋喃唑酮（痢特灵）、呋喃妥因。目前以痢特灵最为常用，其不仅有明显的抗菌作用，且能杀灭对磺胺药和抗生素有抗性的病原菌，还能明显地促进生长和提高产蛋率。但呋喃类药物使用剂量过大或长期使用或饲料中搅拌不匀均可引起中毒，其中呋喃西林毒性最大，目前已禁止使用。

【病因】用药剂量过大或连续用药时间过长、药物在饲料中搅拌不匀等均可引起中毒。呋喃唑酮的预防剂量（拌料）为 0.01%，连用不超过 15 天；治疗剂量为 0.02%，连用不超过 7 天。据报道，饲料中添加量为 0.04%～0.07% 即可使 1 日龄鸡发生死亡，成年鸡的中毒量为 80～100mg，致死量为 200mg。

【临床症状】急性中毒雏鸡往往给药后几小时或几天死亡，初期精神沉郁，羽毛松乱，两翅下垂，缩头闭眼，站立不稳，减食或不食。继而出现典型的神经症状，乱转、鸣叫、狂燥不安，倒地后两腿伸直呈游泳姿势、角弓反张，最后抽搐而死。成年鸡也表现相似的症状。

【病理变化】口腔、嗉囊、腺胃肌胃和消化道黏膜及其内容物均呈黄色。小肠和大肠部分充血、出血，肠道黏膜呈黄褐色。心肌变性、发硬，心脏扩张。肝脏肿大呈淡黄色。胆囊肿大，充满胆汁。肾脏肿大，表面有弥漫性出血点。

【预防】使用呋喃类药物应严格控制剂量，禁止使用呋喃西林作为鸡药。饲料中添加时准确计量，且要搅拌均匀。

【治疗】发现中毒，立即更换饲料，严禁继续摄食呋喃类药物。灌服 0.01%～0.05% 高锰酸钾或 5% 葡萄糖水，每只鸡加维生素 B_1 或维生素 C 注射液 0.05～0.125g。重症可肌内注射维生素 C 和维生素 B_1 混合液，每只 0.2mL，每天 1 次。

六、食盐中毒

食盐是家禽日粮中必需的营养物质，但采食过多或食入盐并不多而饮水不足则会引起中毒。食盐中毒以消化道炎症和脑水肿为病理特征，以神经症状和消化道紊乱为临床特征，其实质是钠中毒，有急性中毒与慢性中毒之分。

【病因】饲料中添加食盐量过大，主要见于鱼粉添加剂过多或使用掺盐的劣质鱼粉，同时饮水不足，或是食盐拌混不匀，即可造

成家禽中毒。饮水中含盐过高或错误地使用补液盐而引起中毒。饥饿雏鸡大量食入食槽底部饲料中的盐沉积物质过多，但饮水不足而中毒。正常情况下，饲料中食盐添加量为 0.25%~0.50%。当雏鸡饮服 0.54% 的食盐水时，即可造成死亡。饮水中食盐浓度达 0.90% 时，5 天后死亡 100%。如果饲料中添加 3%~10% 食盐，即可引起中毒。另据报道，饲料中添加 20% 食盐，只要饮水充足，不至于引起死亡。饮水充足与否，是食盐中毒的重要原因。饲料中其他营养物质，如维生素 E、钙、镁及含硫氨基酸缺乏时，可增加食盐中毒的敏感性。

【临床症状】病鸡无食欲，饮欲异常增强，饮水量剧增。口、鼻流出大量黏液，嗉囊胀大柔软，下痢，泄殖腔周围羽毛污染严重。精神沉郁，肌肉震颤，两腿无力，共济失调，行走困难或瘫痪。呼吸困难，虚脱，最后衰竭死亡。

【病理变化】急性死亡的鸡头部明显肿胀，皮肤干燥，羽毛易脱落。皮下组织水肿，食道、嗉囊、胃肠黏膜充血、出血，黏膜脱落。腹腔、心包积液，肺水肿，脑膜血管扩张充血，并有针尖状出血点和脑炎症状。

【预防】严格控制饲料中食盐添加量，一般不超过 0.3%，并且要将鱼粉的含盐量计算在内。禁止使用掺盐劣质鱼粉，残汤剩饭喂鸡要控制用量，给予充足饮水。

【治疗】发现中毒立即停喂可疑的饲料和饮水，改换新鲜的饲料和饮水。给予大量清洁的水或 5% 葡萄糖溶液。严重中毒时忌暴饮，采取多次、少量、间断的方式饮水或人工助饮。

七、棉籽饼中毒

棉籽饼含有丰富的蛋白质，可作为鸡的蛋白质饲料，其添入饲料中既可降低饲料成本，也有利于营养平衡。棉籽饼中毒是指因过量或长期连续饲喂未经脱毒处理的棉籽饼，导致棉酚在体内蓄积，引起家禽实质细胞损伤的疾病。其实质是棉酚中毒。

【病因】　大量应用或少量连续饲喂未经脱毒处理的棉籽饼，可导致中毒发生。棉籽饼中毒的实质是棉酚及其衍生物中毒。棉酚在棉籽饼内以结合棉酚和游离棉酚两种形式存在，一般认为结合棉酚是无毒的。用带壳的土榨棉籽饼配料，棉籽饼的毒性与其加工工艺有很大的关系，冷榨棉籽饼的毒性大，而高温高压榨油法使游离棉酚减少，可降低棉籽饼的毒性。配合饲料中棉籽饼的比例过大，棉籽饼在饲料中的添加量不应超过 8%～10%。棉籽饼发霉变质，其中游离的棉籽酚含量升高。饲料中维生素 A、钙、铁（棉籽饼缺乏）及蛋白质不足（不宜形成结合棉酚）时，也会促使发生棉酚中毒。

【临床症状】　通常是慢性经过，病鸡表现为精神沉郁，食欲减退，消瘦，排黑褐色带黏液、血液和肠黏膜的稀粪，粪便恶臭。开产延迟，蛋重、产蛋率和孵化率均降低。鸡蛋品质降低，蛋黄膨大、变稀，出现异常颜色，煮熟的蛋黄较坚韧有弹性，称为橡皮蛋。严重时，呼吸困难，四肢无力，间歇性的抽搐和瘫痪，数日死亡。

【病理变化】　胃肠黏膜肿胀、有卡他性及出血性炎症，内容物呈黑色。胸腔和腹腔积液，肝脏呈土黄色、实质脆弱，肺充血、水肿、出血，心肌变性，心外膜有出血点和凝血斑，母鸡卵巢和输卵管高度萎缩。继发眼炎甚至失明。

【预防】　限制棉籽饼饲喂量和持续饲喂时间，小鸡日粮中棉籽饼不宜超过 2%，蛋鸡饲料中含量不宜超过 8%，肉鸡饲料中含量不宜超过 10%，去毒处理后肉鸡饲料中含 15%～20%。连续饲喂 1～2 个月后停喂 2～3 周。产蛋鸡和种鸡不宜饲喂。去毒处理，将棉籽饼打碎加水蒸煮 1～2 小时，或用 0.1%～0.2% 的硫酸亚铁 4 小时

后即可使用。注意日粮的搭配，补充青绿饲料或适量补充钙和维生素 A。

　　【治疗】中毒后立即更换饲料，供给大量青绿饲料，产蛋鸡可在饲料中按每千克体重添加维生素 E 40IU，连喂 7 天后改喂每千克体重 8IU1 周，可恢复产量。急性中毒时用 0.01% 高锰酸钾溶液连续饮水 4~5 天，或用 1.5% 葡萄糖溶液饮水 4~5 天。

第七章 杂 症

一、鸡异食癖

鸡异食癖系指由于营养代谢机能紊乱、味觉异常和饲养管理不当引起的复杂的多种疾病综合征，有啄羽、啄肛、啄趾、啄蛋、啄头等恶癖或上述某些症状的并发症。

【发病原因】鸡舍饲养密度大，拥挤，光线太强，通风换气差，空气污浊，经常引起啄肛癖和啄趾癖。体内外有寄生虫或肠道吸收障碍，常引起啄羽症。饲料中营养成分不全或不平衡影响吸收利用。饲料品质差，蛋白质缺乏，尤其是含硫氨基酸的缺乏导致啄羽。饲料中缺钙或蛋白质可引起食蛋癖。由于应激因素使家禽对维生素、微量元素需求量增加而发生缺乏，致使发生啄癖。短时间内多次换料引发啄肛。

【临床表现】异食癖的家禽有明显的症状，从症状容易判断本病。啄肛癖，主要发生在鸡育雏和产蛋阶段。雏鸡发生白痢时，先是少数鸡追啄病鸡肛门，受伤或出血后，招致一群鸡争啄，严重时将其直肠、内脏啄出而死亡。产蛋鸡当产蛋或交配时，泄殖腔外翻而末及时收回，被其他母鸡发现而啄肛，造成出血或脱肛。啄趾癖，本病一般仅在雏鸡中发生，主要表现为相互啄食脚趾，引起流

血或跛行。啄羽症，多发生于幼雏换羽阶段、产蛋鸡换羽期和盛产期，主要表现相互啄食羽毛，严重者肛门羽毛、尾羽、背羽全部被啄光，翅肤裸露，同时有些个体因为吞进大量羽毛，造成消化道堵塞而死亡。食蛋癖，食蛋现象多在新产蛋群或产蛋旺季发生，常由于蛋壳被踩破、啄食成癖。异食癖，表现为群体喜欢吃非食物性的东西，如硅石、石灰、粪便、稻草等。

【防制】为防止异食癖的发生，需要定时给料给水、防止过饥过饱、合理饲养密度、保持舍内良好通风和适宜温度湿度的同时，采用综合方法防治啄癖。1次或多次断喙技术，并尽早隔离有恶癖的鸡。防止强光长时间照射，鸡舍内避免用黄色或青光照明，应用40W 红色、蓝色或蓝绿色光灯泡照明，雏鸡用 25W 红色光照明。制止啄肛可短时间内将食盐添加量提高到 2%，喂 2 天，并保证充足的饮水。在饲料中添加 2% 的生石膏粉喂 15 天左右，可治疗食蛋癖，在饲料中加入 1.5%~2.0% 石膏粉可治疗原因不明的啄羽癖。将青菜等青绿饲料捆扎吊起，诱使鸡不断跳起啄菜，可防止异食癖。

二、出血性综合征

本病是一种以肌肉和内脏及发育不全的骨髓等出血为特征的血液性恶病质疾病。主要发生于青年鸡，易感年龄为 3~15 周龄，其中以 3~9 周龄最常见。

【发病原因】本病的病因尚未确定，可能由多种原因单独或同时起作用。如磺胺类药物、抗生素、抑球虫剂或其他添加剂的毒性，或由于饲料及垫草的霉菌素、细菌毒素、营养缺乏等综合影响所致。

【临床症状】病鸡采食减少，消瘦，精神不振，拥挤在一起，少数有腹泻，有时便中混有血液，与感染球虫病的鸡很相似。可视黏膜黄疸或苍白，眼前方可见出血现象。

【病理变化】特征是皮下、肌肉、内脏器官及发育不全的骨髓等组织均有出血。若未广泛出血也应见到苍白的脂肪性骨髓。该病在鸡群中持续3周左右后逐渐好转，死亡率高达40%。剖检可见血液稀薄如水，皮肤、胸部和腿部肌肉呈点状出血，且有黄色胶样渗出物，肝、脾、肾脏可见出血。

【防制】因不明发病原因故无特殊疗法，只能采取改善管理的防治措施。防止饲料和垫草发霉。不可大剂量长疗程使用磺胺等药物，防止不良反应。尽量避免因接种疫苗、鸡舍过热等应激因素的刺激。可适当补充维生素C、B族维生素、维生素K及微量元素等作辅助治疗。

三、肉鸡腹水症

肉鸡腹水症是多种因素引起的以幼龄肉鸡腹腔中积聚大量浆液性液体为特征的疾病。主要发生于4周龄以上的肉鸡，雄性比雌性发病严重，特点是腹腔积水并伴有右心肥大。本病在高海拔地区较常发生，曾称"高海拔病"。

【病因】高海拔低压缺氧诱发，2~3周产生腹水。鸡舍内通气不良，环境卫生差，产生的氨气、灰尘过多，相对湿度过大及其他有害气体和消毒用福尔马林等刺激导致肺部缺氧而发生。采用高蛋白、高脂肪等高耗氧饲料，而且不加限饲，尤其在低温条件下，肉鸡生长速度过快，鸡体代谢增强，而肺毛细血管不能满足机体代谢所必需的氧，由此引起右心房代偿性功能增强，造成相应的肺动脉高压，导致右心衰竭，最后形成腹水。尤以饲喂颗粒饲料者更加明显。饲料中拌有过量的痢特灵和含有芥子酸的菜籽油，影响心肌功

能，导致缺氧和肝硬化。食盐中毒、煤酚类消毒剂和有毒的脂肪中毒等可引起血管损伤，增加血管的通透性，导致腹水症。营养因素如维生素 E、微量元素硒等缺乏，以及饲料中高钙低磷。严重病例可导致腹水，继发于其他疾病。如大肠杆菌病可造成气囊感染和心包炎发生，导致功能障碍，引起缺氧，最后形成腹水。

【临床症状】一般高发于冬季。病鸡表现精神不振，羽毛蓬乱，拉稀，腹部膨胀，两腿叉开，行为迟钝，呼吸困难，冠和肉垂呈紫红色。

【病理变化】剖检可见鸡全身组织器官瘀血、水肿，全身骨骼肌瘀血、深红色。肺部充血、水肿，心包积液，心脏增大，肝脏充血、边缘变厚、覆有一层半胶冻样物，肾脏充血肿大，并有尿酸盐沉积，肠道广泛充血，腹腔中有纤维蛋白凝块，积液通常清亮呈棕红色。

【治疗】病鸡口服双氧克尿噻，每只 50mg，每日 2 次，连服 3 天有一定疗效。毛花丙苷（西地兰）按每千克体重 0.04 ~ 0.08mg 的剂量，肌内注射，隔日 1 次，连用 2~3 次。硫酸钠 4% ~6% 水溶液连饮 2~3 天，有一定疗效。可用维生素 B_{12} 10mg，维丙胺 5mg 混合肌内注射，每日 2 次，有较好的缓解和治疗功能，能有效控制和减轻病情。卡那霉素按千克体重 4 000 IU 溶于饮水中，每日 2 次。用氟哌酸粉 0.1% 拌料，连喂 5 天，可有效控制鸡群发病死亡。用肾肿灵 2% 饮水 5 天，隔周 1 次，可有效降低发病率及死亡率。腹水严重的病鸡可穿刺放液，穿刺部位选择腹部最低点，以便排出积液，一次排放量不宜过大，以防虚脱。为防继续感染可同时使用抗生素。

【预防】肉鸡腹水综合征，一般初期症状不明显，到产生腹水时已是病程后期，并发症导致死亡率增高，治疗困难，故应以预防为主，主要从改善饲养环境、科学管理、科学配方等方面考虑。加强饲养管理，保证鸡舍内有良好的通风换气，如用 0.3% 的过氧乙酸每周带鸡喷雾 1~2 次，既可除氨，又可给鸡舍增氧。控制饲喂量，减缓肉鸡的早期生长速度。合理搭配饲料，减少粗蛋白含量。每吨饲料中添加维生素 C 500g、维生素 E 2 万 IU，有较好的预防效果。控制大肠杆菌病、慢性呼吸道病和传染性支气管炎等的发生。避免药物中毒，痢特灵、煤酚类消毒剂、变质鱼粉等都会诱发腹水症。

四、肉鸡猝死综合征

肉鸡猝死综合征又叫急性死亡综合征、翻筋斗病，多发生于生长快速的肉用仔鸡，发病突然，死亡率高。病鸡表现为共济失调，并发展为强直性惊厥为特征的一种综合性疾病。

【病因】 发病原因不清，有报道认为本病的发生与应激因素密切相关，如免疫接种和更换饲料、环境气候的突变、噪声过大和光照突变产生的应激等。

【临床症状】 本病一般发生于 1~8 周龄的肉鸡，发病高峰在 2~3 周龄，公鸡的发病率约为母鸡的 3 倍，生长过快的鸡比生长慢的鸡发病率高。一年四季均可发生，无传染病流行规律。病鸡临死前没有明显症状，突然发病，尖叫、跳起，失去平衡，向前或向后跌倒，翅膀扑动，肌肉痉挛，双腿蹬动，继而死亡。从丧失平衡到死亡时间很短，死后有明显的背卧或伏卧姿势，一腿或双腿外伸或竖起朝天。死亡的鸡多是同批中生长最快、外表健康的鸡。

【病理变化】 无特征性病理变化。死鸡体壮，剖解发现肉色新鲜，嗉囊和肌胃充满刚采食的饲料或空虚，心房扩张瘀血、内有凝血，心室通常紧缩呈长条状，质地硬，内无血液。肝脏肿大、苍白、易碎，胆囊一般空虚，肾脏出血、变白，肺脏瘀血和水肿。

【防制】 不用颗粒饲料或破碎饲料而用粉末饲料，对 3~20 日

龄的鸡进行限制饲养，可避开生长过快期发病。限饲的方法一般采取晚上逐步减少亮灯时间。从 4 日龄开始就逐步增加熄灯时间，以每天增加 1 小时达到整晚都熄灯，25 日龄后再逐步增加亮灯时间，35 日龄后可整晚亮灯。碳酸氢钠，每只鸡用量为 0.62g，将此药溶于饮水中连饮 3 天，或用碳酸氢钠以每吨饲料中添加 3.6kg。在开食料中添加 2.5% 乳糖，既可增加体重，又可降低死亡率。加强科学管理，保持环境安静，减少应激因素，建鸡舍时要选择远离交通干线、人口稠密的地区，车鸣、鞭炮声等都会诱发该病的发生。要逐步更换饲料，变换突然是应激因素之一。过湿、霉变、粉尘过多的垫料不仅可诱发一些特定的病，对鸡也是一种刺激，要保持垫料的干燥。滴免、分群、测重、更换饲料、气候变化等，可先在饲料中添加抗应激药物如琥珀酸、延胡索酸等。

五、笼养鸡瘫痪

本病又称笼养鸡疲劳症或软腿病，是笼养鸡的一种抗骨折强度降低的疾病，常在夏季笼养高产蛋鸡群中发生。特征是易骨折，特别是从笼子里抓鸡时易发生。

【原因】 本病与笼养和产蛋两种因素有关。常由于饲料中缺乏钙、磷或钙磷比例失调，维生素 D 缺乏及运动不足等因素导致本病的发生。如将病鸡从笼养移到地面放养，则可康复。

【临床症状】 病鸡表现为腿软无力，不能站立，经常蹲伏不起或躺下，呈瘫痪状态。病初食欲尚好，产蛋的数量和质量基本正常，随之站立困难，两腿麻痹，骨质疏松、变脆，易发生骨折。肌肉松弛，翅膀下垂，胸骨凹陷。越是高产的蛋鸡，越容易发生瘫痪；无明显症状的母鸡，所产蛋的蛋壳薄、质量差。

【防制】 若发现病鸡可移至平地上放养，4~6 天后症状可

消失。

应从饲养管理着手，例如调整日粮中钙、磷比例，补充维生素D 等维生素。给以充足的光照、保持环境安静等以提高鸡体的抵抗力，能有效地防止该病的发生。有人发现宰前日粮加钙 6%可提高骨骼的强度。

[1] 陈溥言. 兽医传染病学 [M]. 第六版. 北京. 中国农业出版社, 1980.

[2] 郑世军, 宋清明. 现代动物传染病学 [M]. 北京. 中国农业出版社, 2013.

[3] David E. Swayne, John R. Glisson, Larry R. et al . Venugopal Nair. Diseases of Poultry. 13th Edition. John Wiley & Sons, 2013.

[4] Afzal M, Muneer R, Stein G. Studies on the aetiology of hydropericardium syndrome (Angara disease) in broilers. Vet Rec. 1991 Jun 22; 128 (25): 591-593.

[5] Xia J, Yao KC, Liu YY, et al. Isolation and molecular characterization of prevalent Fowl adenovirus strains in southwestern China during 2015-2016 for the development of a control strategy. Emerg Microbes Infect. 2017 Nov 29; 6 (11): e103.

[6] Adeyemi M, Bwala DG, Abolnik C. Comparative Evaluation of the Pathogenicity of Mycoplasma gallinaceum in Chickens. Avian Dis. 2018 Mar; 62 (1): 50-56.

[7] Sun S, Lin X, Liu J, et al. Phylogenetic and pathogenic analysis of Mycoplasma Synoviae isolated from native chicken breeds in China. Poult Sci. 2017 Jul 1; 96 (7): 2057-2063.